中等卫生职业教育规划教材

供药剂、医学检验、制药技术、医学影像技术等医学相关专业使用

有机化学

（第二版）

主　编　李湘苏
副主编　姚光军　江秋志　侯晓红
编　委　（按姓氏汉语拼音排序）

U0210009

白利红（太原市卫生学校）

冯继梅（阳泉市卫生学校）

侯晓红（太原市卫生学校）

胡莉萍（湖南环境生物职业技术学院）

江秋志（山东省青岛卫生学校）

李湘苏（核工业卫生学校）

刘春园（核工业卫生学校）

彭文亳（广东省湛江卫生学校）

邵晓月（毕节医学高等专科学校）

孙李娜（四川中医药高等专科学校）

孙敏辰（沈阳市化工学校）

谢　芳（玉林市卫生学校）

姚光军（阳泉市卫生学校）

张雪莲（昌吉职业技术学院）

周纯宏（沈阳市化工学校）

宗桂玲（朝阳市卫生学校）

科学出版社

北京

内 容 简 介

本教材对传统教学内容进行了精心筛选,实现了对中等卫生职业学校学生知识、能力的对接,对后续课程知识、技能的支撑;在编排上,按照烃类——基础有机化合物、烃的含氧衍生物、有机化学的立体异构、烃的含氮衍生物、杂环与生物碱类有机化合物以及营养和生命类有机化合物进行分类和编排,突出了有机化学的重点和难点;在实践技能上,按照有机化学实践的基本技能模块和有机化合物性质的实践模块进行编排,体现了有机化学技能操作的特点、理论与实践相结合的教学要求。在体例上,依据中等卫生职业学校学生的学习心理特点和学习能力,采用"即时练"、"案例"、"实验现象彩图"和操作图片等形式编排。

本教材可供全国中等卫生职业学校药剂、医学检验、制药技术、医学影像技术等医学相关专业学生使用,也可供各大专职业院校的学生参考使用。

图书在版编目(CIP)数据

有机化学 / 李湘苏主编. —2 版 . —北京:科学出版社,2016.1

中等卫生职业教育规划教材

ISBN 978-7-03-046548-1

Ⅰ. 有… Ⅱ. 李… Ⅲ. 有机化学–中等专业学校–教材 Ⅳ. 062

中国版本图书馆 CIP 数据核字(2015)第 288440 号

责任编辑:张映桥 / 责任校对:张小霞
责任印制:赵 博 / 封面设计:金舵手世纪

科 学 出 版 社 出版

北京东黄城根北街 16 号
邮政编码:100717
http://www.sciencep.com

新科印刷有限公司 印刷

科学出版社发行 各地新华书店经销

*

2010 年 6 月第 一 版 开本:787×1092 1/16
2016 年 1 月第 二 版 印张:11 1/2 插页:1
2018 年 12 月第十二次印刷 字数:273 000

定价:39.80 元
(如有印装质量问题,我社负责调换)

第二版前言

本教材依据教育部中等卫生职业学校教学计划和教学大纲编写,可供全国中等卫生职业学校药剂、医学检验、制药技术、医学影像技术等医学相关专业学生使用,也可供各大专职业院校的学生参考使用。

本教材坚持贴近学生、贴近岗位、贴近生活,坚持工学结合的职业教育思想,坚持思想性、科学性、先进性和实用性原则,坚持科学教育与人文教育相结合的教育观,体现以能力为本、以发展职业技能为核心的职业教育理念。在教材风格上做了深入改革,具有衔接中等卫生职业学校学生学习的心理特点、衔接专业知识、衔接现代教育技术的"三衔接"鲜明特色。

本教材按照烃类——基础有机化合物、烃的含氧衍生物、烃的含氮衍生物等进行编排,有机化学的基础性特色突出,应用性明显,便于师生掌握教学重点。

案例启发式排版。以案例问题为起点,启发和促进学生探究相应知识。

阶梯式练习,符合中等卫生职业学校学生的学习特点。设置了"即时练"、"本节自我小结"等练习,促进学生渐进式进步。

图示操作,简单易懂。部分以语言表达的实验操作和实验现象,以图片形式表现,更易掌握。

抽象内容具体化,符合中等卫生职业学校学生的心理特质。彻底删除抽象原子的电子理论,以分子模型表示分子构型,具体易懂。

本教材按72学时编写,并设计了多个实践技能操作模块。各学校可根据自身培养目标适当增减。

本教材在编写过程中得到了湖南省教育厅领导的大力支持,是湖南省教育科学规划课题(XJK014AZXX007)、湖南省职业院校教育教学改革研究项目(ZJB2012093)的阶段研究成果之一。

本教材在编写过程中得到了科学出版社以及全体编委的大力支持,在此表示感谢。

本教材在编写过程中参考了其他有关教材,在此谨向各位作者表示谢意。

李湘苏

2015 年 5 月 1 日

第一版前言

本教材依据教育部、卫生部中等卫生职业学校教学计划和教学大纲编写,供全国中等卫生职业学校药剂、医学检验专业学生使用,属全国中等卫生职业教育规划教材。

本教材坚持贴近学生、贴近岗位、工学结合的原则,坚持思想性、科学性、先进性和实用性,坚持人文教育,体现以能力为本、以发展技能为核心的职业教育理念,在教材风格上做了深入改革,具有鲜明特色:

案例编排,工学结合。案例编排使教学内容层次分明,重点突出。

附实验彩图,易学易教。将难以用语言表达的实验现象用彩色图片表现,教师易教,学生易学。

抽象内容具体化,浅显易懂。根据中职学生身心特点,将繁缛、抽象的电子理论以分子模型取代,化抽象为具体,提高学生理解能力。

全书按96学时编写,各学校可根据自身培养目标,适当增减。

本书编写过程中,得到了科学出版社以及全体编委的大力支持,在此表示感谢。

在本书的编写过程中,参考了有关教材,在此谨向各位作者表示谢意!

李湘苏

2010 年 4 月 1 日

目 录

第 1 章　有机化合物概述

自然界的物质种类繁多,数不胜数,人们习惯把这些物质分为无机化合物和有机化合物两大类。化学家最初界定无机化合物和有机化合物就是从它们的来源不同出发的。通常把来源于地壳的矿物质(如金属和非金属单质、氧化物、酸、碱、盐等)称为**无机化合物**,简称无机物;而把来源于动物和植物体内的物质(如糖类、脂类、蛋白质、酶、核酸、维生素、激素等)称为**有机化合物**,简称有机物。在本章中,主要学习有机化合物的概念、特性、结构特征、分类等一些基础知识及有机化学与医药卫生的关系。

第 1 节　有机化合物的概念

人们对有机化合物的认识由浅入深,最初只局限于将从动植物体内取得的一些蛋白质、油脂、糖类、染料等有机化合物作为吃、穿、用方面的必需品。有机化合物不仅仅限于来自植物和动物体内。1828 年,德国 28 岁青年化学家维勒(F. Wohler,1800—1882)用无机化合物氰酸铵合成了有机化合物尿素;1844 年后,人们利用无机化合物二氧化碳等又先后合成了甲烷、乙炔、乙酸、油脂、糖类等大量有机化合物。从此,人类进入了人工合成有机化合物的时代,并逐渐形成了一门研究有机化合物的重要学科——有机化学。**有机化学**是研究有机化合物的组成、结构、性质、变化及合成的一门学科。

有机化合物中往往只有碳、氢、氧、氮等几种元素。少数有机化合物中还含有卤素、硫、磷等元素。含"碳"是有机化合物组成的特点,可以说,有机化合物是含碳的化合物。绝大多数有机化合物中除了含碳之外,还含有氢元素,称**碳氢化合物**。其他有机化合物可以看成是由碳氢化合物中的氢原子被其他原子或原子团替代而衍变过来的。所以,把碳氢化合物及其衍生物称为**有机化合物**,简称**有机物**。

> **即时练**
>
> 判断下列化合物,哪些是有机化合物? 哪些是无机化合物?
> ① 二氧化碳　②蔗糖　③食盐　④乙酸　⑤乙醇　⑥碳酸　⑦ 鸡蛋白　⑧甲烷

链　接

有机化学的发展史

"有机化学"这一名词于 1806 年首次由贝采利乌斯提出,当时是作为"无机化学"对立物命名的。19 世纪初期很多化学家相信,在生物体内存在所谓"生命力",才能产生有机化合物,而实验室里是不能产生有机化合物的。

对"生命力"论的突破,德国化学家维勒起了决定性作用。随后,随着甲烷、乙炔、乙酸、油脂、糖类等大量有机化合物的合成,"生命力"论逐渐被人们抛弃。随着合成方法的改进和发展,越来越多的有机化合物在实验室合成,而且合成条件与生物体内条件完全不同,"生命力"论彻底被否定,"有机化学"这一名词沿用至今。

随着社会的进步,人类对物质的需求品质在不断提高,因此,人类生活更离不开有机化学。

19世纪中期至20世纪初,有机化学工业逐渐变为以煤、焦油为主要原料。合成染料的发现使染料、制药工业蓬勃发展,推动了芳香族化合物和杂环化合物的研究。20世纪30年代以后,以乙炔为原料的有机合成兴起。20世纪40年代前后,有机化学工业的原料又逐渐转变为以石油和天然气为主,发展了合成橡胶、合成塑料和合成纤维。

在有机合成方面,主要研究以较简单的化合物及元素经化学反应合成有机化合物。19世纪30年代合成尿素,40年代合成乙酸,随后陆续合成了葡萄糖酸、琥珀酸、苹果酸等一系列有机酸;19世纪后半叶,合成了多种染料;20世纪40年代,合成了滴滴涕和有机磷杀虫剂、有机硫杀菌剂、除草剂等农药;20世纪初,合成了606种药剂;20世纪30~40年代,合成了一千多种磺胺类化合物,其中大多数磺胺类化合物可用作药物。

随着有机化学的发展,它的成果正不断渗透到我们生活的各个领域。在能源、材料、人类健康、生命科学、环境、国防等领域里,在推动科技发展、社会进步,提高人类生活,改善人类生存环境的过程中,有机化学已经展现出它的高度开创性和解决重大问题的巨大能力。

第2节 有机化合物的特性

由于有机化合物的组成中都含有碳元素,其结构特点与无机化合物存在较大差异,所以,大多数有机化合物具有不同于无机化合物的特性。

一、可 燃 性

绝大多数有机化合物都可以燃烧,如天然气、乙醇、汽油、木材、棉花、油脂等。而大部分无机化合物,如酸、碱、盐、氧化物等则不能燃烧或很难燃烧。

二、熔 点 低

有机化合物的熔点通常比无机化合物低,一般不超过400℃。常温下,很多有机化合物以气体、易挥发的液体或低熔点的固体存在,如乙醇、汽油、石蜡等。

三、难 溶 于 水

绝大多数有机化合物难溶或不溶于水,而易溶于有机溶剂。因此,有机反应常在有机溶剂中进行。例如,中草药的有效成分常用乙醇、氯仿、乙醚等有机溶剂提取。而无机化合物则相反,大多易溶于水,难溶于有机溶剂。

四、稳 定 性 差

多数有机化合物不如无机化合物稳定,常因温度、细菌、空气或光照的影响而分解变质。例如,维生素C片剂是白色的,若长时间放置于空气中,会被氧化而变质呈黄色,失去药效。此外,许多抗生素片剂或针剂经过一定时间后也会发生变质而失效,就是因为这些药物稳定性差,所以常注明有效期。

五、 反应速率缓慢

有机化合物之间的反应,反应速率较慢,一般要几小时、几天,甚至更长的时间才能完成。例如,食物变质、酿酒、制醋等反应都需要较长时间。而多数无机化合物之间的反应瞬间就能完成。

六、 反应产物复杂

多数有机化合物之间的反应,在进行主反应的同时常伴随着副反应,产物中既有主产物又有副产物,是复杂的混合物。因此在书写有机反应式时,往往只要求写出主产物,用"──→"代替"══",也不严格要求配平。而无机化合物之间的反应很少有副反应。

七、 同分异构现象

有机化合物分子中分子式相同的物质,可能结构不相同,就是说,不同的物质可能分子式相同。这种同分异构现象在有机化合物中非常普遍,而无机化合物中则很少有同分异构现象。

第3节 有机化合物的结构

一、 分子中的化学键

(一) 共价键及价数

有机化合物中都含有碳元素,其结构特点主要取决于碳原子的结构。碳原子最外层有4个电子,在形成分子时既不易失电子,也不易得电子,而**易与其他原子形成4个共价键**。

在有机化合物分子中,原子之间绝大多数是通过共价键结合的,每种元素表现其特有的化合价。例如,有机化合物中**碳元素总是四价**,氧元素为二价,氢元素为一价。有机化合物结构式中的每一根短线表示共用一对电子,即表示一个共价键。例如:

$$H-\overset{\overset{\displaystyle H}{|}}{C}=\overset{\overset{\displaystyle H}{|}}{C}-\overset{\overset{\displaystyle H}{|}}{\underset{\underset{\displaystyle H}{|}}{C}}-O-H$$

,式中每个碳原子有四个"──",表示每个碳原子为四价,相似地,氧原子为二价,氢原子为一价。值得注意的是,这里的化合价仅表示该原子能够形成的化合价数目,并不体现成键原子所带电荷的性质或电荷的偏离。

(二) 碳的成键情况

有机化合物以碳原子为中心,其成键情况复杂多样。

1. 单键、双键和叁键

在有机化合物中,碳原子与碳原子之间,碳原子与其他原子之间可以形成单键,也可以形成双键,还可以形成叁键。例如:

碳碳单键　　　　　碳碳双键　　　　　碳碳叁键

$$\begin{array}{ccc}
\overset{|}{\underset{|}{-C}}-O- & \overset{O}{\overset{\|}{\underset{|}{-C}-}} & -C\equiv N \\
\text{碳氧单键} & \text{碳氧双键} & \text{碳氮叁键}
\end{array}$$

2. 基本骨架——碳骨架

碳原子之间还能够相互连接形成长短不一的链状和各种不同的环状,构成有机化合物的基本骨架。例如:

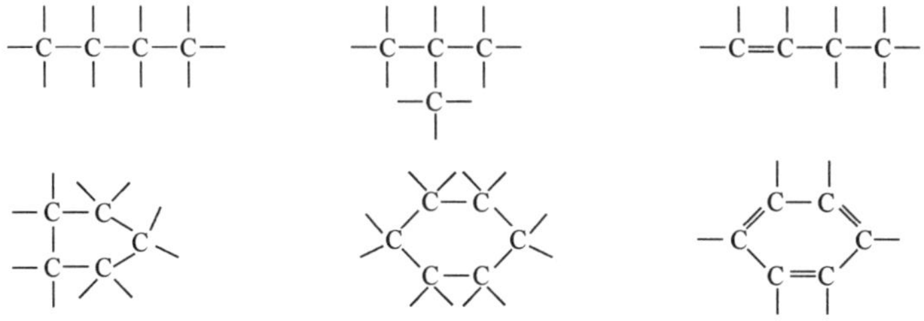

3. σ键和π键

有机化合物相邻原子之间以共价键相互连接。有机化合物分子中的共价键主要有 σ 键和 π 键。σ 键是有机化合物中最基本的共价键,是两个原子之间共用电子对而形成的共价键,其特点是化学键的键能较高,不易断裂;两个成键的原子可以自由旋转而不影响化学键。例如,C—C、C—H、C—O 之间都是 σ 键。

π 键虽然也是两个原子之间共用电子对而形成的共价键,但是它具有一定的特殊性。首先,π 键必须与 σ 键共存于两个成键的原子之间,没有独立存在的 π 键;其次,π 键键能较低,易断裂,且两成键原子之间不能自由旋转。例如,碳碳双键(C=C)中有一个是 σ 键,一个是 π 键。碳碳叁键(—C≡C—)中有一个是 σ 键,另外两个是 π 键。通常在有机化合物分子中,双键和叁键中只有一个是 σ 键,其余均为 π 键。

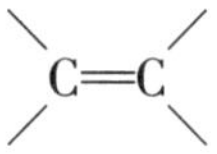

二、 有机化合物的结构式

(一) 结构式和结构简式

用短线表示共价键,将有机化合物中各原子按一定的次序和一定的方式连接起来所形成的表示有机化合物结构的式子称**结构式**。例如:

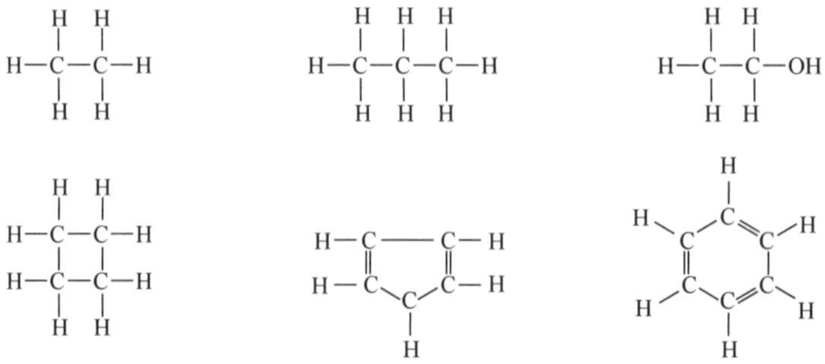

将上述结构式中碳氢键的短线省去,得到一种较简单的表示有机化合物结构的式

子,称为**结构简式**。上述开链结构的物质用结构简式可表示为

$$CH_3{-}CH_3 \qquad CH_3{-}CH_2{-}CH_3 \qquad CH_3{-}CH_2{-}OH$$

在表示环状有机化合物的结构时,常将分子中环上的碳原子及与碳原子相连的氢原子均省略,上述环状结构可表示为

在以后各章节的学习中,有机化合物的结构通常用上述结构简式来表示。

(二) 同分异构现象

分子组成为 C_2H_6O 的物质有两种不同的结构式,分别代表乙醇和甲醚两种性质不同的化合物,其结构简式分别为

$$CH_3{-}CH_2{-}OH \quad 乙醇 \qquad CH_3{-}O{-}CH_3 \quad 乙醚$$

像乙醇和甲醚这样,分子组成相同,但结构不同的化合物,互称为**同分异构体**,这种现象称为**同分异构现象**。同分异构现象在有机化合物中普遍存在,互为同分异构体的物质理化性质不同,是不同的物质。所以,在表示某种有机化合物时,通常不能像表示无机化合物一样,只写出其分子式,而应写出其结构简式。

第4节 有机化合物的分类

有机化合物数目众多,种类繁杂。为方便学习和研究,本教材根据有机化合物组成元素的特点、结构特点以及药学应用,分为烃类——基础有机化合物、烃的含氧衍生物、有机化学的立体异构、烃的含氮衍生物、杂环与生物碱类有机化合物、营养和生命类有机化合物等章节,这样的编排更能彰显每类有机化合物在组成元素上的特点,也更能突出与生命有关的有机化合物和具有生理、药理作用的有机化合物,更贴近生活,更易于学生接受。

为了更好地理解这些繁杂有机化合物的结构特点和性质,常把这些有机化合物按照碳的骨架和官能团进行分类。

一、 按碳的骨架分类

有机化合物 { 开链化合物(脂肪族化合物) / 闭链化合物 { 碳环化合物 { 脂环族化合物 / 芳香族化合物 } 杂环化合物 }

(一) 开链化合物

开链化合物是指碳原子与碳原子之间或碳原子与其他原子之间相互连接成开放的链状的有机化合物。由于这类化合物最初是从脂肪中得到的,所以又称**脂肪族化合物**。例如:

$$CH_3{-}CH_2{-}CH_3 \qquad CH_2{=}CH{-}CH_2{-}CH_3 \qquad CH_3{-}CH_2{-}OH \qquad CH_3{-}\overset{\underset{\displaystyle CH_3}{|}}{\underset{\underset{\displaystyle CH_3}{|}}{C}}{-}CH_3$$

(二) 闭链化合物

闭链化合物是指碳原子与碳原子或碳原子与其他原子之间连接成闭合、环状的有机化合物。例如:

A   B   C   D

闭链化合物又可分为**碳环化合物**和**杂环化合物**。碳环化合物是指有机化合物分子中的环全部由碳原子构成的化合物，如化合物 A、B 和 D。杂环化合物是指构成环的原子除了碳原子之外，还含有 O、N、S 等其他元素的原子，如化合物 C。

碳环化合物又可分为**脂环族化合物**和**芳香族化合物**。脂环族化合物是指与脂肪族化合物性质相似的碳环化合物，如化合物 A。芳香族化合物是指分子中含有苯环的化合物，如化合物 B 和 D，其中 B 为最简单的芳香族化合物。

二、按官能团分类

有机化合物中有一些特殊的原子或原子团，如碳碳双键（ $\diagdown C = C \diagup$ ）、羟基（—OH）、羧基（—COOH）、卤素原子（—X）等，它们决定了一类有机化合物的化学性质。能决定一类有机化合物化学性质的原子或原子团称为**官能团**。含有相同官能团的化合物，它们的主要化学性质基本相同。按照分子中所含官能团的不同，可将有机化合物分为若干类，见表 1-1。

表 1-1 部分有机化合物及其官能团

化合物类别	官能团	化合物实例
烷烃	$-\overset{\vert}{\underset{\vert}{C}}-\overset{\vert}{\underset{\vert}{C}}-$ 碳碳单键	CH_3-CH_3 乙烷
烯烃	$\diagup C = C \diagdown$ 碳碳双键	$H_2C = CH_2$ 乙烯
炔烃	$-C \equiv C-$ 碳碳叁键	$HC \equiv CH$ 乙炔
卤代烃	—X（F、Cl、Br、I） 卤原子	CH_3-CH_2-Cl 氯乙烷
醇和酚	—OH 羟基	CH_3-CH_2-OH 乙醇
醚	$-\overset{\vert}{\underset{\vert}{C}}-O-\overset{\vert}{\underset{\vert}{C}}-$ 醚键	$H_3C-O-CH_3$ 甲醚
醛和酮	$-\overset{O}{\overset{\Vert}{C}}-$ 羰基	$H_3C-\overset{O}{\overset{\Vert}{C}}-CH_3$ 丙酮
羧酸	—COOH 羧基	$H_3C-\overset{O}{\overset{\Vert}{C}}-OH$ 乙酸
胺	$-NH_2$ 氨基	$H_3C-CH_2-NH_2$ 乙胺

即时练

观察下列分子结构，说出含有哪些官能团。

$CH_2 = CH-CH_3$ $CH_3-\underset{NH_2}{CH}-COOH$ $CH_3-\overset{O}{\overset{\Vert}{C}}-CH_2-COOH$ $\bigcirc\!\!\!\!\!\!—CH_2OH$

第5节　有机化学与医药卫生的关系

有机化学是一门历史悠久、充满活力的科学,它与人类的衣、食、住、行以及生老病死有着密切的关系。有机化学的迅速发展促进了各个行业的发展,在与民生息息相关的医药卫生事业中,有机化学所发挥的作用更是不可估量。

一、有机化学是人们了解人体生命类物质的基础

有机化合物是生命产生的物质基础,在维持生命活动的过程中发挥着重要作用。构成人体组织的各种物质大部分是有机化合物,如糖类、蛋白质、脂肪、核酸等。人体体内的新陈代谢和生物的遗传现象都涉及有机化合物的转变。例如,糖类是提供人体能量的必需物质,糖类化合物在人体内的消化过程就是一系列的有机化学反应过程;蛋白质是细胞的重要组成成分,遗传和繁殖等都与蛋白质、核苷酸密切相关;脱氧核糖核酸(DNA)是传送遗传密码的要素。这些都是人类生命活动中非常重要的物质。

另外,有机化学能帮助我们很好地认识构成蛋白质的基础物质——氨基酸。构成蛋白质的氨基酸有很多种,有的可以自身合成,有的必须通过饮食提供。通过有机化学的学习,我们可以了解哪些氨基酸必须通过外界物质供给,从而在日常生活中注意合理饮食、营养均衡。

二、有机化学是临床诊断和环境检测的理论基础

我们知道,人的整个生命过程与有机化合物及有机化合物之间的反应密切相关。临床上,诊断疾病常用的方法就是检测患者的血液和尿液,对血液和尿液进行化验的方法就是直接或间接利用有机化合物之间的一些化学反应。

另外,临床上的一些病理分析、疾病预防、遗传基因的控制、癌症、艾滋病等治疗的医学技术都离不开有机化学知识。

在环境卫生监测方面,水质分析检测、大气及室内空气污染检测、工业排放物检测、果蔬中农药残留检测等过程更是离不开有机化学知识。

三、有机化学是药学专业重要的基础课程

有机化学与药学密切相关,用于治疗疾病的药物大多数是有机化合物。例如,乙酰水杨酸(阿司匹林)是常用的解热镇痛药;生物碱类物质大多具有药用价值,如(小檗碱),具有抗菌、消炎作用,其盐酸盐可用于治疗肠道感染和细菌性痢疾。即使是一些结构复杂的合成药物,其结构中也包含一些基本的有机化合物基团。学好有机化学可以帮助我们认识药物的结构,从而帮助我们了解药物在体内的药理及毒理作用,指导我们合理用药。另外,药物的合成、药物的结构及含量分析、药物的储存、中草药有效成分的提取等过程都需要大量的有机化学知识。

有机化学对于药学专业的学生而言是一门专业基础课,尤其是对于药物化学、天然药物化学的学习,有着不可替代的重要作用。对于今后要从事新药研发的药学专业的学生,有机化学更是必须学好的一门课程。

有机化学与医药卫生的关系如此密切,作为未来的医药卫生工作者,必须学好这门

重要的专业基础课,掌握好有机化学的基本知识、基础理论和实验操作技能,为后续医学课程如生物学、免疫学、遗传学、临床医学等奠定理论基础。所以说,学好有机化学对医学学科有着非常重要的意义。

 目 标 检 测

一、自我小结填空

项目	内容
重要名词	有机化合物:＿＿＿＿＿＿＿＿＿＿＿＿＿＿＿＿＿＿＿＿＿＿＿＿＿＿＿＿＿＿＿＿＿; 同分异构现象:＿＿＿＿＿＿＿＿＿＿＿＿＿＿＿＿＿＿＿＿＿＿＿＿＿＿＿＿＿＿; 官能团:＿＿＿＿＿＿＿＿＿＿＿＿＿＿＿＿＿＿＿＿＿＿＿＿＿＿＿＿＿＿＿＿＿＿＿;
有机化合物的特性	有机化合物具有＿＿＿＿、＿＿＿＿、＿＿＿＿、＿＿＿＿、＿＿＿＿、＿＿＿＿等特性; 有机化合物中一般都是共价键,碳原子是＿＿＿＿价,碳碳之间可形成碳碳＿＿＿＿键、＿＿＿＿键和＿＿＿＿键,有机化合物中最基本的共价键是＿＿＿＿键。在碳碳双键和叁键中均有一个＿＿＿＿键,分别有一个和两个＿＿＿＿键; σ键是有机化合物中＿＿＿＿的共价键,其特点是化学键的键能较＿＿＿＿,＿＿＿＿断裂;两个成键的原子可以＿＿＿＿而不影响化学键; π键具有一定的特殊性,首先它必须与σ键共存＿＿＿＿原子之间,π键键能较＿＿＿＿,＿＿＿＿,且两成键原子之间＿＿＿＿自由旋转
有机化合物的结构	有机化合物中,碳原子与碳原子之间可以相互连接形成开放的＿＿＿＿或闭合的＿＿＿＿,构成了有机化合物的基本骨架
有机化合物的分类	按碳的骨架可将有机化合物分为＿＿＿＿和＿＿＿＿; 按＿＿＿＿又可分为烷、烯、炔、醇、酚、醛、酮、羧酸等

二、选择题

1. 下列物质不属于有机化合物的是( )。
   A. CH_3CH_2OH
   B. CCl_4
   C. CH_4
   D. CO_2

2. 下列关于有机化合物特性的叙述,不正确的是( )。
   A. 可燃烧
   B. 一般易溶于水
   C. 稳定性差
   D. 反应速率缓慢

3. 在有机化合物中,碳原子总是( )。
   A. 四价
   B. 二价
   C. 三价
   D. 一价

4. 芳香族化合物属于( )。
   A. 开链化合物
   B. 杂环化合物
   C. 碳环化合物
   D. 脂环族化合物

5. 有机化学反应式一般用箭头而不用等号来连接的原因是( )。
   A. 有机化合物不溶或难溶于水
   B. 有机化合物大多容易燃烧
   C. 大多数有机化学反应复杂,伴有副反应,产物是混合物
   D. 大多数有机化学反应速率较慢

6. 下列有机化合物中,含有π键的是( )。
   A. $CH_2=CH-CH_3$
   B. CH_3-CH_2-OH
   C. CH_3-NH_2
   D. CH_4

7. 分子 $CH≡C-CH_3$ 中,描述不正确的是( )。
   A. 含有两个 C—C σ键
   B. 含有两个 π键
   C. 含有三个 C—H σ键
   D. 含有四个 C—H σ键

8. 关于分子 的共价键,描述不正确

的是( )。

  A. 1 号键是两个 π 键

  B. 最容易破裂的是 1 号键中的 π 键

  C. 2 号键是一个 σ 键

  D. 3、4 号键相同

9. 上题中,若发生化学反应,最容易发生的位置在( )。

  A. 1 号键位置   B. 2 号键位置

  C. 3 号键位置   D. 4 号键位置

10. 有机化学中,关于 $CH_3CH=CHCH_3$ 的描述,错误的是( )。

  A. 每一个碳原子有两个共价键

  B. 是一个有机分子的结构表达

  C. 分子中有 4 个碳原子

  D. 分子中有 8 个氢原子

三、请按官能团不同确定下列有机化合物的种类

1. $CH_2=CH-CH_3$ _____

2. $CH≡C-CH_3$ _____

3. CH_3-CH_2-OH _____

4. CH_3CH_2-COOH _____

5. CH_3-NH_2 _____

第 2 章 烃类——基础有机化合物

组成有机化合物的元素除了碳外,通常还有氢、氧、氮、卤素和磷等。仅含碳和氢两种元素的有机化合物称为**碳氢化合物**,简称烃。烃是有机化合物中最基本的物质,是其他有机化合物的母体和基础,烃类化合物与其他原子如氧原子、氮原子等结合,构成了烃的含氧衍生物和含氮衍生物。根据烃分子中碳原子之间的连接形式以及化学键的不同,可将烃分为烷烃、烯烃、炔烃、脂环烃和芳香烃等。本章主要介绍它们的结构、性质、命名及应用。

第 1 节 烷 烃

一、甲烷的结构特征

 案例 2-1

沼 气

沼气是有机物质在厌氧条件下,经过微生物的发酵作用而生成的一种混合气体。人们经常看到,在沼泽地、污水沟或粪池里有气泡冒出来,如果我们划着火柴,可把它点燃,这就是自然界天然产生的沼气。粪便、秸秆、污水等中的各种有机化合物在密闭的沼气池内,在厌氧(没有氧气)条件下发酵,经微生物分解转化,产生一种混合气体,其可以燃烧。沼气一般含甲烷50% ~70%,其余为二氧化碳、少量的氮、氢和硫化氢等,其特性与天然气相似。沼气除直接燃烧用于炊事、供暖、照明和气焊等外,还可作为内燃机的燃料以及用于生产甲醇、甲醛、四氯化碳等化工原料。

问题: 1. 沼气的主要成分是什么? 写出它的分子式。

2. 沼气的主要用途有哪些? 这些用途主要利用了它的哪些化学性质?

甲烷在自然界分布很广,是天然气、沼气的主要成分。为了形象地表示甲烷分子中各个原子的结合状态,可采用分子模型。图 2-1 为甲烷分子的球棍式模型,由此得出甲烷的结构式和结构简式。

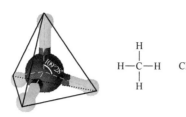

图 2-1 甲烷的球棍式模型、结构式和结构简式

甲烷分子的结构式和结构简式,用于说明甲烷分子中碳、氢原子间的连接方式和次序,但不能反映出甲烷分子的空间构型。图 2-1 中甲烷的球棍式模型表明,甲烷分子是正四面体形,碳原子位于正四面体的中心,四个氢原子位于正四面体的四个顶点。四个 C—H 键都是相同的 σ 键,四个 C—H 键的键长都是 1.09×10^{-10} m(即 0.109nm),C—H 键的键能都是 413kJ/mol,其键角为 109°28′。

σ 键是烃类中最基本的共价键,它是两个原子之间共用电子对而形成的,常见的有 C—C 键和 C—H 键。σ 键的特点是化学键的键能较高,不易断裂;两个成键的原子可以自由旋转而不影响化学键。

二、 烷烃的结构及命名

在有机化合物里有一系列结构与甲烷相似的烃,它们的分子中全部以碳碳单键和碳氢单键结合成链状。像这些分子中的化学键全部是共价单键的开链烃,称为**饱和链烃**,也称**烷烃**。烷烃分子中的主要化学键是**碳碳单键**(—C—C—),它们是 σ 键。

(一)烷烃的同系物及通式

图 2-2 是乙烷、丙烷、丁烷分子的球棍模型。

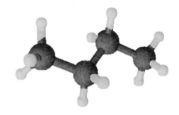

图 2-2 乙烷、丙烷、丁烷分子的球棍模型

依照球棍模型,可写出它们的结构式和结构简式:

乙烷的结构式

$CH_3—CH_3$

乙烷的结构简式

丙烷的结构式

$CH_3—CH_2—CH_3$

丙烷的结构简式

丁烷的结构式

$CH_3—CH_2—CH_2—CH_3$

丁烷的结构简式

乙烷、丙烷、丁烷等分子的结构简式、分子式以及相邻分子间的组成差异见表 2-1。

表 2-1 几种烷烃的结构简式、分子式及相邻分子间的组成差异

名称	结构简式	分子式	相邻分子间组成差异
甲烷	CH_4	CH_4	
			$\Big\} CH_2$
乙烷	CH_3CH_3	C_2H_6	
			$\Big\} CH_2$
丙烷	$CH_3CH_2CH_3$	C_3H_8	
			$\Big\} CH_2$
丁烷	$CH_3CH_2CH_2CH_3$	C_4H_{10}	
			$\Big\} CH_2$
戊烷	$CH_3(CH_2)_3CH_3$	C_5H_{12}	

比较上述烷烃可知,它们在分子组成上相差 1 个或几个 CH_2 原子团。在有机化合物中,将结构相似、在分子组成上相差 1 个或几个 CH_2 原子团的一系列化合物称为**同系列**。同系列中的化合物之间互称为**同系物**。

从甲烷、乙烷、丙烷等分子中看出,随着碳原子数目的增加,烷烃的氢原子数也随之增多。如果碳原子的数目是 n,显然,氢原子的数目是 $2n+2$。所以烷烃的通式为 $\mathbf{C_nH_{2n+2}}$。例如,十八烷烃的分子为 $C_{18}H_{38}$。

即时练

判断下列分子式表示的化合物是否为烷烃。

C_5H_8　　$C_{13}H_{28}$　　C_9H_{18}　　$C_{20}H_{42}$　　$C_5H_{12}O$

(二) 烷烃的同分异构

有些结构式不同的烷烃,其分子式却是相同的,如含有 4 个碳原子的烷烃(丁烷):

$$CH_3-CH_2-CH_2-CH_3 \qquad\qquad \underset{\underset{CH_3}{|}}{CH_3-CH-CH_3}$$

正丁烷 　　　　　　　　　　　　异丁烷

它们的分子式都是 C_4H_{10}。再如,戊烷(C_5H_{12})有三种不同结构的物质:

$$CH_3-CH_2-CH_2-CH_2-CH_3 \qquad \underset{\underset{CH_3}{|}}{CH_3-CH-CH_2-CH_3} \qquad \underset{\underset{CH_3}{|}}{\overset{\overset{CH_3}{|}}{CH_3-C-CH_3}}$$

正戊烷 　　　　　　　　　 异戊烷 　　　　　　　　 新戊烷

像丁烷这样,具有分子式相同而结构不同的化合物,它们互称为**同分异构体**,这种现象称为**同分异构现象**。由于碳链骨架结构不同而产生的同分异构现象,称为**碳链异构现象**。在各类有机化合物里,碳链异构现象非常普遍。

从以上烷烃的同分异构体可以看出,烃分子中碳原子在结构式中的位置是不同的,有的碳原子位于链端,只与一个碳原子相连;有的碳原子位于中间,与两个、三个或四个碳原子相连。通常把仅与一个碳相连的碳原子称为**伯碳原子**(用 1° 表示),与两个碳相连的碳原子称为**仲碳原子**(用 2° 表示),与三个碳相连的碳原子称为**叔碳原子**(用 3° 表示),

与四个碳相连的碳原子称为**季碳原子**(用4°表示)。例如:

$$
\begin{array}{c}
\quad\quad\underset{1°}{CH_3} \\
\quad\quad| \\
\underset{1°}{CH_3}-\underset{4°}{C}-\underset{2°}{CH_2}-\underset{3°}{CH}-\underset{1°}{CH_3} \\
\quad\quad| \quad\quad\quad | \\
\quad\quad\underset{1°}{CH_3} \quad\quad \underset{1°}{CH_3}
\end{array}
$$

(三) 烷烃的命名

有机化合物种类、数目众多,命名十分重要。烷烃的命名有两种,即普通命名法和系统命名法。

1. 普通命名法

普通命名法只适用于结构较简单的烷烃,其基本原则是:根据烷烃分子中碳原子的总数称"某烷",依次用甲、乙、丙、丁、戊等表示;在"某烷"前面,用"正"、"异"、"新"等字表示不同的同分异构体。通常,没有支链的直链烃称为"正"某烷,含一个甲基支链的称为"异"某烷,含两个甲基支链的称为"新"某烷。

例如,戊烷(C_5H_{12})的三个异构体分别命名为

$$
CH_3-CH_2-CH_2-CH_2-CH_3 \qquad
\begin{array}{c}
CH_3-CH-CH_2-CH_3 \\
| \\
CH_3
\end{array}
\qquad
\begin{array}{c}
CH_3 \\
| \\
CH_3-C-CH_3 \\
| \\
CH_3
\end{array}
$$

正戊烷   异戊烷   新戊烷

2. 系统命名法

在较复杂的有机化合物中常存在许多取代基,普通命名法难以命名,可采用系统命名法。找出有机化合物分子中的主链及连在主链上的支链(取代基),是有机化合物系统命名法的关键点。烃分子中去掉一个氢原子后所剩下的基团称为**烃基**,烷烃分子去掉一个氢原子后所剩下的基团称为**烷基**。烷基是最常见、最重要的烃基,通式为**—C_nH_{2n+1}**,用 **R—** 表示,通常又称为**脂肪烃基**。常见的烷基结构和名称如下:

$$
-CH_3 \qquad -CH_2-CH_3 \qquad -CH_2-CH_2-CH_3 \qquad
\begin{array}{c}
| \\
HC-CH_3 \\
| \\
CH_3
\end{array}
$$

甲基   乙基   丙基   异丙基

$$
-CH_2-CH_2-CH_2-CH_3 \qquad
\begin{array}{c}
-CH_2-CH-CH_3 \\
| \\
CH_3
\end{array}
\qquad
\begin{array}{c}
CH_3 \\
| \\
-C-CH_3 \\
| \\
CH_3
\end{array}
$$

正丁基   异丁基   叔丁基

烷烃的命名原则和步骤如下:

1) 选择主链:选择结构式中含碳原子数最多的碳链(最长碳链)作为主链,主链碳原子上所连的烷基作为支链。

2) 给主链编号:从靠近支链的一端给主链碳原子编号,尽可能使支链所连的碳原子编号最小。

3) 确定名称:从根据主链碳原子的个数称为"某烷",主链在10个碳原子以内的用中文天干序数"甲"、"乙"、"丙"、"丁"、"戊"、"己"、"庚"、"辛"、"壬"、"癸"表示,主链在10个碳原子以上的用"十一"、"十二"等表示;将支链的位置、数目和名称按由简单到复杂顺序写在"某烷"的前面,阿拉伯数字和汉字间用短线隔开。例如:

$$\underset{4}{CH_3}-\underset{3}{CH_2}-\underset{2}{\overset{\overset{\displaystyle CH_3}{|}}{CH}}-\underset{1}{CH_3}$$

2-甲基丁烷

$$\underset{5}{CH_3}-\underset{4}{\overset{\overset{\displaystyle CH_3}{|}}{CH}}-\underset{3}{\overset{\overset{\displaystyle CH_2CH_3}{|}}{CH}}-\underset{2}{CH_2}-\underset{1}{CH_3}$$

2-甲基-3-乙基戊烷

如果含有两个相等的最长链,则选择含支链多的最长链为主链;如果有相同的支链,则需合并在一起,并注明支链的数目,阿拉伯数字和阿拉伯数字之间用逗号隔开。例如:

$$\underset{6}{CH_3}-\underset{5}{CH_2}-\underset{4}{\overset{\overset{\displaystyle CH_3}{|}}{CH}}-\underset{3}{\overset{\overset{\displaystyle CH_3}{|}}{CH}}-\underset{2}{\overset{\overset{\displaystyle CH_3}{|}}{CH}}-\underset{1}{CH_3}$$

$$\overset{\displaystyle |}{CH_2CH_3}$$

2,4-二甲基-3-乙基己烷

如果两端靠近支链的情况相同,则采用最低系列编号。例如:

$$\underset{7}{CH_3}-\underset{6}{CH_2}-\underset{5}{CH}-\underset{4}{CH_2}-\underset{3}{\overset{\overset{\displaystyle CH_3}{|}}{C}}-\underset{2}{CH_2}-\underset{1}{CH_3}$$

3,3-二甲基-5-乙基庚烷

即时练

① 用系统命名法命名下列烷烃。

$$CH_3-CH_2-CH_2-CH_3 \qquad CH_3-\overset{\overset{\displaystyle CH_2}{|}}{\underset{\underset{\displaystyle CH_3}{|}}{CH}}-CH_2-\overset{\overset{\displaystyle CH_3}{|}}{\underset{\underset{\displaystyle CH_3}{|}}{C}}-CH_3 \qquad CH_3-\overset{\overset{\displaystyle CH_3}{|}}{\underset{\underset{\displaystyle CH_3}{|}}{CH}}-CH-CH_2-CH_2-\overset{\displaystyle |}{CH}-CH_3$$

② 下列烷烃的名称正确吗?

(1) 3-甲基丁烷 　　　　(2) 2-甲基-3-乙基丁烷

(3) 5,5-二甲基-3-乙基庚烷

三、 烷烃的理化性质

【物理性质】 在烷烃的同系物中,随着碳原子数的增加,物理性质呈规律性变化。常温常压下,$C_1 \sim C_4$ 的烷烃是气体;$C_5 \sim C_{17}$ 为液体;C_{18} 以上的为固体。烷烃无色、无味,密度小于水,难溶于水,易溶于有机溶剂。

【化学性质】 烷烃分子中的 σ 键键能较高,不易断裂,所以化学性质较稳定,不与强酸、强碱反应,不能使高锰酸钾溶液褪色,也不能使溴水褪色。烷烃的主要化学反应是燃烧反应和取代反应。

(一)燃烧反应

由于烷烃分子中含氢较多,燃烧过程中烟尘较少,是较优质的燃料。

$$CH_4 + 2O_2 \longrightarrow CO_2 + 2H_2O$$

甲烷是一种很好的燃料,燃烧时放出大量的热,生成二氧化碳和水。除甲烷外,汽油、煤油、柴油、蜡烛属于烷烃,也可发生燃烧反应,利用它们反应产生的能量驱动发动机运转。

即时练

蜡烛是广泛用于生活取光的烷烃混合物,其主要成分是二十五烷至三十四烷。
①写出二十五烷的分子式。
②写出二十五烷燃烧的化学反应方程式。

(二) 取代反应

室温下,将甲烷和氯气混合,可以在暗处长时间保存而不起任何反应。但把混合气体放在光亮的地方就会反应,氯气的黄绿色会逐渐变淡(彩图 2-1)。该变化的反应式如下:

$$H{-}\overset{\overset{\displaystyle H}{|}}{\underset{\underset{\displaystyle H}{|}}{C}}{-}H + Cl{-}Cl \xrightarrow{光照} H{-}\overset{\overset{\displaystyle H}{|}}{\underset{\underset{\displaystyle H}{|}}{C}}{-}Cl + HCl$$

$$(CH_4) \qquad (Cl_2) \qquad (CH_3Cl)$$

若在较强阳光下,约半小时后可以看到试管内氯气的黄绿色逐渐变淡,管壁上出现油状物。这是因为甲烷的氯代反应难停留在一氯取代阶段。一氯甲烷可继续氯代生成二氯甲烷、三氯甲烷(氯仿)、四氯化碳。氯仿是一种麻醉剂,四氯化碳是一种高效灭火剂,二氯甲烷、氯仿、四氯化碳都是很好的溶剂。

上述这种有机化合物分子里的某些原子或原子团被其他的原子或原子团所代替的反应称为**取代反应**。在一定条件下,烷烃中氢原子被卤素原子取代的反应称为**卤代反应**。

即时练

写出一氯甲烷继续氯代生成二氯甲烷、三氯甲烷(氯仿)、四氯化碳的化学反应式。

$$CH_3Cl + Cl_2 \xrightarrow{光照}$$

$$CH_2Cl_2 + Cl_2 \xrightarrow{光照}$$

$$CHCl_3 + Cl_2 \xrightarrow{光照}$$

烷烃除了可以与氯气发生取代反应以外,还可以与 F_2、Br_2 等卤素单质发生取代反应。

四、环 烷 烃

组成烃分子的碳原子相互连接成环状的称为环烃。在环烃分子中,碳原子之间全是单键相互结合的称为**环烷烃**。环烷烃的通式为 C_nH_{2n},它们与相应的烯烃属同分异构体。在环烷烃中,目前使用较多的是环己烷,常用作树脂的有机溶剂。

(一) 环烷烃的命名

环烷烃的命名与烷烃相似,只是在相应的烷烃名称前加上"环"字。环上如有取代基,应使取代基位置有最小的编号。例如,环丙烷的分子式为 C_3H_6,结构式和结构简式分别为

$$\underset{CH_2{-}CH_2}{\overset{CH_2}{}} \qquad \triangle$$

其他常见环烷烃的结构简式和名称分别为

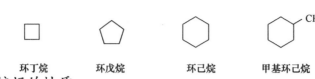

环丁烷　　　环戊烷　　　环己烷　　　甲基环己烷

（二）环烷烃的性质

环烷烃的物理性质与烷烃相似,在常温下,小环环烷烃是气体,中环环烷烃是液体,大环环烷烃呈固态。环烷烃不溶于水。由于环烷烃分子中单键旋转受到一定的限制,分子运动幅度较小,具有一定的对称性和刚性。因此,环烷烃的沸点、熔点和密度都比同碳数烷烃高。

中环和大环环烷烃较稳定,化学性质与链状烷烃相似,与强酸(如硫酸)、强碱(如氢氧化钠)、强氧化剂(如高锰酸钾)等试剂都不发生反应,在高温或光照下能发生取代反应;小环环烷烃(如环丙烷和环丁烷)不稳定,除可以发生取代反应外,易开环发生加成反应。

环烷烃主要是发生取代反应。例如:

$$\underset{CH_2-CH_2}{\overset{CH_2}{\underset{H_2C}{\diagdown}}}CH-H + Cl_2 \xrightarrow{\text{光照}} \underset{CH_2-CH_2}{\overset{CH_2}{\underset{H_2C}{\diagdown}}}CH-Cl + HCl$$

五、 烷烃在医药中的应用

烷烃主要来源于天然气和石油。天然气中主要是 $C_1 \sim C_4$ 的烷烃,石油的分馏产物如石油醚、汽油、煤油、柴油、润滑油、液体石蜡、凡士林、固体石蜡中均含有大量的烷烃。各种石油产品既是非常重要的工业和交通的能源物质,也可以进一步深加工得到各种有机化学工业原料,用于制造合成纤维、合成橡胶、塑料、农药、化肥、炸药、染料以及合成洗涤剂等。

烷烃在生活及医药学上也有广泛的应用:

1) 天然气($C_1 \sim C_4$):无色、无味气体,沸点为 40℃,主要用途为燃料,燃烧后产生的能量用于生产和生活。

2) 石油醚($C_5 \sim C_6, C_7 \sim C_8$):分为两种成分 $C_5 \sim C_6$ 和 $C_7 \sim C_8$,为混合物,前者沸点范围是 30~60℃,后者是 70~120℃。石油醚是透明无色的液体,主要用作溶剂,提取药物中的有效成分,也可用作香精的萃取剂。

3) 汽油($C_7 \sim C_{12}$):是飞机、汽车等动力的燃料。

4) 煤油($C_{12} \sim C_{18}$):是灯火的燃料,目前使用较少。

5) 柴油($C_{15} \sim C_{18}$):是发动机的燃料。

6) 润滑剂($C_{16} \sim C_{22}$):主要用于润滑机器,防止机器生锈。

7) 液体石蜡($C_{18} \sim C_{24}$):是透明无色的液体,不溶于水。医药上用作配制滴鼻剂或喷雾剂的基质,也用作缓泻剂。长期摄入可导致消化道障碍,影响脂溶性维生素 A、D、K 和钙、磷等的吸收。也可在制造合成洗涤剂时用作分散剂。

8) 凡士林:是液体石蜡和固体石蜡的混合物,是呈软膏状的半固体,不溶于水。凡士林一般呈黄色,经漂白或用骨炭脱色可得白色凡士林。凡士林不被皮肤吸收,并且化学性质稳定,不与软膏中的药物起反应,因此常用作软膏的基质。此外,凡士林常用作化妆品原料,制作发乳、发油、发蜡、口红、面油、护肤脂等,具有保湿作用,其保湿作用的机理是凡士林在角质层表面形成一种隔膜,可减少水分丢失。

9) 固体石蜡($C_{25} \sim C_{34}$):为白色蜡状固体,在医药上用于蜡疗和调节软膏的硬度。石蜡加入棉纱后可使纺织品柔软、光滑而有弹性;石蜡还可在制造洗衣粉时用作分散剂。

 目标检测

一、自我小结填空

项目	内容
甲烷	甲烷的分子结构为_____结构,甲烷分子中的化学键均为 C—H _____键
烷烃结构	烷烃分子中,所有 C—C 原子间的连接均为_____键,化学键的类型都是_____键;烷烃同系物的组成通式为_____,烷烃的同分异构主要是_____异构
烷烃命名	在系统命名中,首先选择_____作为主链;把支链看成_____取代基;根据_____称"某烷"。把取代基的名称写在_____的前面
化学性质	烷烃化学性质_____,通常不与_____、_____、_____反应。 1. 取代反应:$CH_4 + Cl_2 \xrightarrow{\text{光照}}$ _____ $+ HCl$; 2. 燃烧反应:烷烃还可以与空气中的氧气发生_____反应生成_____和_____,并放出大量热。热量主要用于_____
重要名词	1. 取代反应:_____; 2. 同分异构体:_____

二、简答题

1. 什么是同分异构体?举例说明。

2. 甲烷有哪些物理性质和化学性质?

3. 说出天然气、石油醚、液体石蜡、凡士林的主要成分和主要应用。

三、写出下列化合物的结构简式

1. 丁烷
2. 新戊烷
3. 2,3-二甲基丁烷
4. 环戊烷
5. 异己烷
6. 2,2,3-三甲基己烷
7. 2,5-二甲基-乙基庚烷

四、用系统命名法给下列物质命名

1.
$$CH_3-CH-CH-CH_2-CH_3$$
$$\quad\quad\; |\quad\; |$$
$$\quad\quad CH_3\; CH_3$$

2.
$$\quad\quad\quad\quad CH_3$$
$$\quad\quad\quad\quad |$$
$$CH_3-CH_2-C-CH_3$$
$$\quad\quad\quad\quad |$$
$$\quad\quad\quad\quad CH_3$$

3.
$$\quad\quad\; CH_3$$
$$\quad\quad\; |$$
$$CH_3-C-CH_3$$
$$\quad\quad\; |$$
$$\quad\quad\; CH_3$$

4.
$$\quad\quad\quad\quad\quad\quad CH_3$$
$$\quad\quad\quad\quad\quad\quad |$$
$$CH_3-CH-CH_2-C-CH_2-CH_3$$
$$\quad\quad\; |\quad\quad\quad\; |$$
$$\quad\quad CH_3\quad\quad CH_3$$

五、选择题

1. 下列烃属于饱和烃的是(　　)。
   A. C_3H_4
   B. C_5H_{12}
   C. C_7H_8
   D. C_8H_{16}

2. 下列物质中,有五种同分异构体的是(　　)。
   A. 丁烷
   B. 异戊烷
   C. 己烷
   D. 新戊烷

3. 下列物质中,能与甲烷发生取代反应的是(　　)。
   A. 氯气
   B. 氢氧化钠
   C. 硫酸
   D. 氧气

4. 下列物质中,不属于烷烃同系物的是(　　)。
   A. CH_4
   B. CH_3CH_3
   C. C_3H_6
   D. C_4H_{10}

5. 下列气体的主要成分不是 CH_4 的是(　　)。
   A. 沼气
   B. 天然气
   C. 煤矿里的瓦斯
   D. 水煤气

6. 下列叙述中,与烷烃的性质不符的是( )。

    A. 很稳定,不与强酸、强碱作用

    B. 难与强氧化剂发生反应

    C. 燃烧时生成二氧化碳和水,并放出大量的热

    D. 烷烃均易溶于水、乙醇、乙醚等溶剂

7. 下列各组名称,不是同一物质的是( )。

    A. 异戊烷与2,2-二甲基丙烷

    B. 异己烷与2-甲基戊烷

    C. 新戊烷与2,2-二甲基丙烷

    D. 异戊烷与2-甲基丁烷

8. 下列原子团中,为异丙基的是( )。

    A. $CH_3CH_2CH_2$—   B. CH_3CH—
                                   |
                                   CH_3

    C. CH_3CH_2CH—   D. $CH_3CH_2CHCH_3$
                  |
                  CH_3

9. 下列关于烷烃的描述,不正确的是( )。

    A. 分子中碳碳原子间都是单键

    B. 分子中碳碳原子间都是 σ 键

    C. 分子中碳氢原子间都是 σ 键

    D. σ 键很不稳定,容易破裂

10. 正戊烷分子中,仲碳原子数目为( )。

    A. 1 个   B. 2 个

    C. 3 个   D. 4 个

六、填空题

1. 分子中碳原子之间以_____相连接的开链烃称为烷烃,烷烃的通式是_____,最简单的烷烃是_____。

2. 烃分子中去掉一个氢原子,剩余的原子团称为_____。CH_3—为_____基,CH_3CH_2—为_____基,$CH_3CH_2CH_2$—为_____基。

3. 烷烃的物理性质:

    (1)状态:一般情况下,1~4 个碳原子烷烃为_____,5~16 个碳原子烷烃为_____,16 个碳原子以上的为_____。

    (2)溶解性:烷烃_____溶于水,_____溶(填"易"、"难")于有机溶剂。

    (3)熔沸点:随着碳原子数的递增,熔沸点逐渐_____。

    (4)密度:随着碳原子数的递增,密度逐渐_____。

4. 烷烃的化学性质:一般比较稳定,在通常情况下不与_____、_____和_____反应。

七、完成下列反应式

1. $CHCl_3 + Cl_2 \xrightarrow{\text{光照}}$

2. $C_3H_8 + O_2 \xrightarrow{\text{点燃}}$

八、思考题

某物质的分子式是 C_5H_{12},试问它是哪类有机化合物分子? 写出其所有同分异构体的结构简式,并用系统法命名。

第2节　不饱和链烃

    分子中含有碳碳双键或碳碳叁键的链烃称为**不饱和链烃**。烯烃和炔烃都属于不饱和链烃。烯烃的官能团是碳碳双键(—C=C—),炔烃的官能团是碳碳叁键(—C≡C—)。

一、乙烯与乙炔的分子结构特征

案例 2-2

果实催熟剂 ——乙烯

    将成熟的苹果或梨与未熟的柿子密闭在塑料袋中,成熟水果释放出一种香甜气体让柿子快速成熟。水果释放的这种无色、稍有甜味的气体就是乙烯,少量乙烯存在于植物体内,它能使植物生长减慢、促进叶落和果实成熟,是一种比较理想的植物果实催熟剂。

问题:1. 什么是烯烃类有机化合物?

    2. 写出乙烯的结构简式。

（一）乙烯的结构特征

图2-3是乙烯分子的球棍模型,根据球棍模型可写出乙烯的结构式。

图2-3 乙烯分子的球棍模型

从球棍模型看,乙烯的结构式可写为 $H—C=C—H$,结构简式为 $CH_2=CH_2$。

乙烯是最简单的烯烃(分子式为 C_2H_4),乙烯分子中的两个碳原子和四个氢原子都在同一平面上,$C=C$ 键与 $C—H$ 键、$C—H$ 键与 $C—H$ 键夹角均为120°。乙烯分子中两个碳原子以双键相结合,其中一个较牢固的键称为 σ 键,另一个不稳定、易断裂的键称为π 键。

（二）乙炔的结构特征

观察乙炔分子的球棍模型,如图2-4所示。

图2-4 乙炔分子的球棍模型

从球棍模型看,乙炔的结构式可写为 $H—C≡C—H$,结构简式为 $CH≡CH$。

乙炔是最简单的炔烃(分子式为 C_2H_2),乙炔分子中的 $C—C$ 键与 $C—H$ 键的夹角为180°,乙炔分子里的两个碳原子和两个氢原子在一条直线上,是直线形分子。乙炔分子中的两个碳原子以叁键相结合,其中一个键是 σ 键,另外两个键为 π 键。

链 接

乙烯和乙炔

乙烯是有机合成工业和石油化学工业的重要原料,其主要用于制造塑料、合成纤维、橡胶等。从20世纪60年代以来,世界上乙烯工业得到了迅速发展,并带动了其他以石油为原料的石油化学工业的发展。因此,一个国家乙烯工业的发展水平已成为衡量这个国家石油化学工业发展水平的主要标志之一。

乙炔的俗名为电石气,纯净的乙炔是无色、无臭味的气体,由电石生成的乙炔常因混有磷化氢、硫化氢等杂质而有特殊难闻的臭味。乙炔燃烧产生大量的热,可以用来切割和焊接金属。乙炔也是塑料、橡胶、纤维三大合成材料及精细有机产品乙醛、乙酸等合成的重要原料。

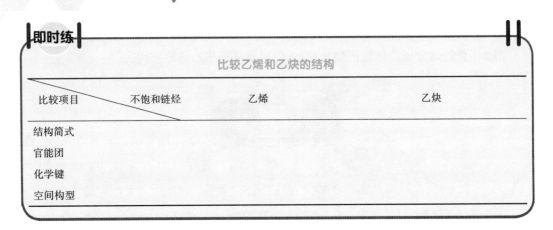

即时练

比较乙烯和乙炔的结构

比较项目　不饱和链烃	乙烯	乙炔
结构简式		
官能团		
化学键		
空间构型		

二、不饱和链烃的同系物

(一) 烯烃的同系物及通式

分子中含有一个碳碳双键的不饱和链烃称为**单烯烃**,习惯上又称为**烯烃**。乙烯、丙烯、丁烯等一系列化合物在结构上都含有碳碳双键,分子组成上相差一个或几个 CH_2 原子团,它们互称烯烃的同系物。例如:

乙烯　　　　$CH_2{=\!=}CH_2$

丙烯　　　　$CH_2{=\!=}CH-CH_3$

1-丁烯　　　$CH_2{=\!=}CH-CH_2-CH_3$

1-戊烯　　　$CH_2{=\!=}CH-CH_2-CH_2-CH_3$

表 2-2 中列出了烯烃同系物的结构简式。

表 2-2　烯烃同系物的结构简式

名称	分子式	结构简式
乙烯	C_2H_4	$CH_2{=\!=}CH_2$
丙烯	C_3H_6	$CH_2{=\!=}CH-CH_3$
1-丁烯	C_4H_8	$CH_2{=\!=}CH-CH_2-CH_3$
1-戊烯	C_5H_{10}	$CH_2{=\!=}CH-(CH_2)_2-CH_3$
1-己烯	C_6H_{12}	$CH_2{=\!=}CH-(CH_2)_3-CH_3$
1-庚烯	C_7H_{14}	$CH_2{=\!=}CH-(CH_2)_4-CH_3$
1-十八烯	$C_{18}H_{36}$	$CH_2{=\!=}CH-(CH_2)_{15}-CH_3$

由于烯烃分子中含有碳碳双键,因此烯烃分子中氢原子的个数比相同碳原子数的烷烃少两个,烯烃的分子组成通式为 $\mathbf{C_nH_{2n}}$($n{\geqslant}2$,整数)。碳碳双键($-\overset{|}{C}{=\!=}\overset{|}{C}-$)是烯烃的官能团。

(二) 炔烃的同系物及通式

分子中含有碳碳叁键的不饱和链烃称为**炔烃**。乙炔、丙炔、丁炔和戊炔等一系列化合物在结构上都含有碳碳叁键,在分子组成上相差一个或几个 CH_2,它们都是炔烃的同系物。例如:

$CH{\equiv}CH$　　　　$CH{\equiv}C-CH_3$　　　　$CH{\equiv}C-CH_2-CH_3$

乙炔　　　　　　　丙炔　　　　　　　　1-丁炔

表 2-3 中列出了炔烃同系物的结构简式。

表 2-3　炔烃同系物结构简式

名称	分子式	结构简式
乙炔	C_2H_2	$CH{\equiv}CH$
丙炔	C_3H_4	$CH{\equiv}C{-}CH_3$
1-丁炔	C_4H_6	$CH{\equiv}C{-}CH_2{-}CH_3$
1-戊炔	C_5H_8	$CH{\equiv}C{-}(CH_2)_2{-}CH_3$
1-己炔	C_6H_{10}	$CH{\equiv}C{-}(CH_2)_3{-}CH_3$
1-庚炔	C_7H_{12}	$CH{\equiv}C{-}(CH_2)_4{-}CH_3$
1-辛炔	$C_{18}H_{14}$	$CH{\equiv}C{-}(CH_2)_5{-}CH_3$

由于炔烃分子中含有碳碳叁键,所以炔烃分子中氢原子的个数比相同碳原子数的烯烃少两个,炔烃的组成通式为 $\mathbf{C_nH_{2n-2}}$($n{\geqslant}2$,整数)。碳碳叁键($—C{\equiv}C—$)是炔烃的官能团。

三、 不饱和链烃的同分异构

由于不饱和链烃含有碳碳双键或叁键,其同分异构现象比烷烃复杂,除了有和烷烃相似的**碳链异构**外,还有由于双键或叁键在碳链中的位置不同而产生的同分异构,称为**位置异构**。另外,烯烃分子中双键上连接的原子或基团因空间排列不同,其还能产生顺**反异构**,本节主要介绍碳链异构和位置异构。

烯烃分子中由于存在双键,因此它的同分异构体的数目比相应的烷烃多。例如,分子式为 C_4H_8 的烯烃不仅有碳链异构(1)和(2),还有因为分子中双键位置不同而产生的位置异构(1)和(3)。

(1) $CH_2{=}CH{-}CH_2{-}CH_3$　　(2) $\underset{\overset{|}{CH_3}}{H_2C{=}C{-}CH_3}$　　(3) $CH_3{-}CH{=}CH{-}CH_3$

　　1-丁烯　　　　　　2-甲基丙烯　　　　　　2-丁烯

炔烃的异构与烯烃相似,同样有碳链异构和叁键的位置异构,由于叁键对侧链位置的限制,炔烃异构体的数目要比相同碳原子数目的烯烃少。例如,1-戊炔和2-戊炔互为位置异构,而1-戊炔和3-甲基-1-丁炔互为碳链异构。

$HC{\equiv}C{-}CH_2{-}CH_2{-}CH_3$　　　　$CH_3{-}C{\equiv}C{-}CH_2{-}CH_3$　　　　$\underset{\overset{|}{CH_3}}{CH_3{-}CH{-}C{\equiv}CH}$

　　　1-戊炔　　　　　　　　2-戊炔　　　　　　　3-甲基-1-丁炔

四、 不饱和链烃的命名

烯烃的命名是在烷烃基础上进行的,烯烃系统命名法的原则和步骤如下:

1) 选择主链:选择含有碳碳双键在内的最长碳链作主链,根据主链碳原子的个数称为"某烯"。"某"字的用法和烷烃命名相同。

2) 给主链编号:从离碳碳双键较近的一端开始,给主链碳原子依次编号,标出双键和取代基的位置。以双键编号较小的阿拉伯数字表示双键的位置,写在"某烯"前面,中间用短线隔开。

3) 确定名称:将取代基的位置、数目和名称按简单到复杂的顺序依次写在双键位置的前面。阿拉伯数字和汉字间用短线隔开。例如:

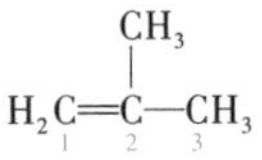

$$CH_3 - CH_2 - C \equiv CH \qquad \text{1-丁炔}$$

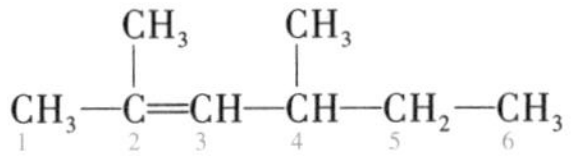

$$CH_3 - C \equiv C - CH_2 - CH_3 \qquad \text{2-戊炔}$$

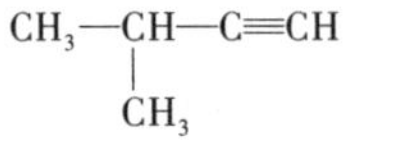

$$CH_3 - \underset{\underset{CH_3}{|}}{CH} - C \equiv CH \qquad \text{3-甲基-1-丁炔}$$

炔烃的系统命名法与烯烃相似,命名时只需把"烯"字换成"炔"字,并注明碳碳叁键的位置。例如:

即时练

① 用系统命名法命名下列烯烃和炔烃。

$$CH_3 - CH = CH - CH_3$$

$$CH_3 - C \equiv CH$$

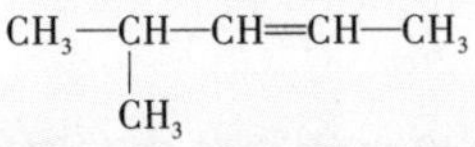

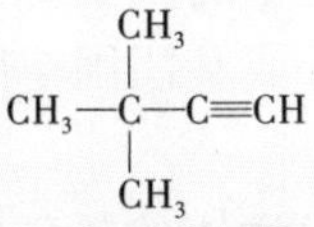

$$CH_3 - \underset{\underset{CH_3}{|}}{CH} - CH = CH - CH_3 \qquad CH_3 - \underset{\underset{CH_3}{|}}{\overset{\overset{CH_3}{|}}{C}} - C \equiv CH$$

② 下列化合物的名称正确吗?

(1)2-甲基-3-戊烯　　　(2)2,2-二甲基-1-丁烯

五、 不饱和链烃的理化性质

【物理性质】 常温常压下,$C_2 \sim C_4$ 的烯烃是气体;$C_5 \sim C_{18}$ 的为液体;C_{19} 以上的高级烯烃是固体。烯烃均无色,难溶于水、易溶于有机溶剂。

炔烃的物理性质与烯烃相似,常温常压下,$C_2 \sim C_4$ 的炔烃是气体;$C_5 \sim C_{15}$ 的为液体;C_{15} 以上的炔烃是固体。炔烃难溶于水,但易溶于苯、石油醚、丙酮、四氯化碳等有机溶剂中。烯烃和炔烃的熔点、沸点和密度都随着碳原子数的增加而升高。

【化学性质】 烯烃和炔烃分子中都含有不饱和键(双键或叁键),双键或叁键中的 π 键易断裂,则烯烃和炔烃的化学性质相似,容易发生加成、氧化和聚合反应。但叁键中的 π 键比双键的稳定,所以炔烃的反应活性不如烯烃高。此外,对于碳碳叁键上连有氢原子的炔烃,还能发生一些特殊的反应。

(一) 加成反应

有机化合物分子中的双键或叁键断裂,加入其他原子或原子团的反应称为**加成反应**。加成反应是烯烃和炔烃的主要反应类型。

1. 与氢气加成

在金属催化剂(铂、钯、镍)存在下,烯烃和炔烃分子中的 π 键断裂,可以与氢气发生加成反应生成烷烃。例如:

$$CH_2 = CH_2 + H_2 \xrightarrow{\text{铂粉或镍粉}} CH_3 - CH_3$$

乙烯　　　　　　　　　　　　　　乙烷

$$CH\equiv CH + 2H_2 \xrightarrow{\text{铂粉或镍粉}} CH_3-CH_3$$
$$\text{乙炔} \qquad\qquad\qquad \text{乙烷}$$

2. 与卤素加成

将乙烯或乙炔分别通入溴水中发生加成反应,能看到溴水的红棕色消失,生成 1,2-二溴乙烷或 1,1,2,2-四溴乙烷。松节油是烯烃化合物,能使溴水褪色;液体石蜡属于烷烃,为饱和烃,分子中不含双键或叁键,因而不能使溴水褪色,实验操作如图 2-5 所示,化学反应现象如彩图 2-2 所示。

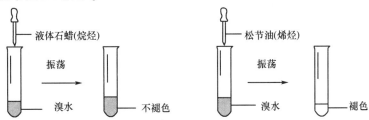

图 2-5 烷烃、烯烃与 Br_2 的反应

化学反应式:

$$CH_2=CH_2 + Br-Br \xrightarrow{\text{室温}} \underset{\underset{Br}{|}}{CH_2}-\underset{\underset{Br}{|}}{CH_2}$$
$$\text{乙烯} \quad \underset{\text{(红棕色)}}{\text{溴水}} \quad 1,2\text{-二溴乙烷(无色)}$$

$$CH\equiv CH + 2Br-Br \xrightarrow{\text{室温}} \overset{\overset{Br}{|}\ \overset{Br}{|}}{\underset{\underset{Br}{|}\ \underset{Br}{|}}{CH-CH}}$$
$$\text{乙炔} \quad \underset{\text{(红棕色)}}{\text{溴水}} \quad 1,1,2,2\text{-四溴乙烷(无色)}$$

由于不饱和链烃与溴水发生加成反应有明显的颜色变化,因此常用这一反应来鉴别烯烃和炔烃。

即时练

①烯烃和炔烃能与卤化氢发生加成反应,生成相应的卤代烃。

完成下列反应方程式:

$$H_2C=CH_2 + HBr \longrightarrow \underline{\hspace{4cm}}$$

$$HC\equiv CH + 2HBr \longrightarrow \underline{\hspace{4cm}}$$

两个双键碳原子上连接的原子或基团都相同的烯烃为对称烯烃,乙烯是一个对称烯烃。

不同的是,当不对称烯烃与卤化氢加成时,卤化氢分子中的氢原子总是加在含氢原子较多的双键碳原子上。

完成反应方程式:$CH_3-CH=CH_2 + HBr \longrightarrow \underline{\hspace{3cm}}$

②乙烯与水加成生成乙醇。乙炔在催化剂作用下,也能与水加成,生成乙醛。

完成下列反应方程式:

$$H_2C=CH_2 + H-OH \xrightarrow{H_2SO_4} \underline{\hspace{4cm}}$$
$$\qquad\qquad\qquad (H_2O)$$

$$HC\equiv CH + H-OH \xrightarrow[HgSO_4]{H_2SO_4} \underline{\hspace{2cm}} \longrightarrow CH_3-\overset{\overset{O}{\|}}{CH}$$

（二）氧化反应

烯烃和炔烃与其他烃一样，也能在空气中燃烧生成二氧化碳和水，同时放出大量的热。乙烯和乙炔在空气中燃烧的反应式如下：

$$CH_2\!=\!CH_2 + 2O_2 \xrightarrow{\text{点燃}} 2CO_2 + 2H_2O + \text{热}$$

$$2CH\!\equiv\!CH + 5O_2 \xrightarrow{\text{点燃}} 4CO_2 + 2H_2O + \text{热}$$

由于烯烃和炔烃分子中含碳比例比烷烃高，因此燃烧时发出明亮的火焰，且会产生大量浓烟。乙炔在氧气中燃烧所形成的火焰，温度高达3000℃以上，这种火焰称为氧炔焰，广泛用于焊接和切割金属。

由于双键或叁键中的 π 键易断裂，因此烯烃和炔烃很容易被强氧化剂高锰酸钾氧化。例如，把乙烯或乙炔通入酸性高锰酸钾溶液中，它们都能使紫红色的高锰酸钾酸性溶液褪色，乙烯或乙炔被高锰酸钾氧化。饱和链烃（烷烃）不含 π 键，不能被高锰酸钾氧化，因此常用酸性高锰酸钾溶液来鉴别饱和链烃和不饱和链烃，实验操作如图 2-6 所示，化学反应现象如彩图 2-3 所示。

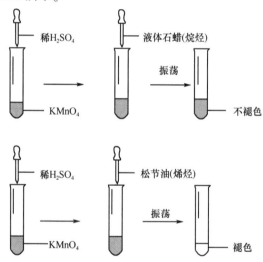

图 2-6　烷烃、烯烃与 $KMnO_4$ 的反应

　案例 2-3

松节油与液体石蜡

松节油是具有芳香气味、挥发性的萜烯混合液，是一种天然精油，可通过蒸馏松科植物的树脂得到，主要成分为烯烃。它具有抗病毒、抗风湿、抗流脑病毒等作用，可以入药，是涂料、樟脑、香料、医药、树脂、有机化工等方面的原料。

液体石蜡是从原油分馏所得到的无色无味的混合物，主要成分是 $C_{16} \sim C_{20}$ 的烷烃混合物。它可以用作软膏、搽剂和化妆品的基质，也常用作泻药和医药生产中的有机溶剂。

问题：1. 如何用化学方法将松节油与液体石蜡区分开？

　　　2. 写出十六烷和二十烷的分子式。说明碳碳之间的化学键是什么键？

（三）聚合反应

在一定条件下，烯烃分子可以自身相互加成，生成大分子化合物。例如，乙烯在高

温、高压和催化剂的作用下,发生聚合反应生成高分子化合物聚乙烯。反应式如下:

$$n\text{CH}_2\!=\!\text{CH}_2 \xrightarrow[\text{高温、高压}]{\text{催化剂}} \ \text{—} \!\!\left[\text{CH}_2\!-\!\text{CH}_2\right]\!\!\text{—}_n$$

乙烯   聚乙烯

反应式中,"n"表示乙烯分子的个数,这种由小分子化合物结合成大分子化合物的反应称为**聚合反应**。参加聚合反应的小分子称为**单体**,聚合后生成的大分子称为**聚合物**(或高分子)。聚乙烯是一种透明柔韧的塑料,可用来制作输液器、各种医用导管、整形材料等。

 案例 2-4

聚 乙 烯

自20世纪初合成纤维树脂类材料用于食品包装业以来,相继出现了聚氯乙烯、聚苯乙烯、聚乙烯、聚丙烯等塑料制品,在市场上可以用来包装食品的塑料袋是用聚乙烯、聚丙烯等原料制成的。聚乙烯(PE)是世界上应用最广、用量最大的塑料之一,其一种透明柔韧的塑料,无臭、无毒、手感似蜡,具有优良的耐低温性能(最低使用温度可达-70~-100℃),能耐大多数酸碱的侵蚀。由于其化学性质稳定性好,抗扩张强度大,在医药上有着广泛的用途。例如,聚乙烯可用作输液容器、各种医用导管、整形材料,其纤维可用作缝合线,也是药品包装和食品包装的常用材料等。但聚氯乙烯制成的塑料袋含毒性的增塑剂,不能当食品包装袋使用。

问题:1. 生产聚乙烯的原料是什么?写出聚乙烯的结构式。

2. 举出生活和医疗中常用的聚乙烯产品。

在不同条件下,乙炔也能自相加成生成不同的聚合产物。例如,在高温、催化剂作用下,三个乙炔分子可聚合成一个苯分子。

$$3\text{HC}\!\equiv\!\text{CH} \xrightarrow[\text{催化剂}]{120\sim160℃} \quad (\text{C}_6\text{H}_6)$$

苯

(四) 生成金属炔化物

凡是具有 —C≡C—H 结构的炔烃,连接在叁键碳上的氢原子非常活泼,容易被金属取代,生成**金属炔化物**。例如,将乙炔通入硝酸银的氨溶液或氯化亚铜的氨溶液中则分别生成白色的乙炔银和砖红色的乙炔亚铜沉淀。

$$\text{HC}\!\equiv\!\text{CH} + 2[\text{Ag}(\text{NH}_3)_2]\text{NO}_3 \longrightarrow \text{AgC}\!\equiv\!\text{CAg}\!\downarrow + 2\text{NH}_3 + 2\text{NH}_4\text{NO}_3$$

硝酸银氨溶液   乙炔银

$$\text{HC}\!\equiv\!\text{CH} + 2[\text{Cu}(\text{NH}_3)_2]\text{Cl} \longrightarrow \text{CuC}\!\equiv\!\text{CCu}\!\downarrow + 2\text{NH}_3 + 2\text{NH}_4\text{Cl}$$

氯化亚铜氨溶液   乙炔亚铜

炔烃的叁键在链端可发生上述反应,且此反应灵敏、现象明显,此反应可作为鉴别碳碳叁键是否在链端的方法。

案例 2-5

孕激素类药——炔诺酮

炔诺酮结构式

炔诺酮为炔烃叁键在链端的结构,分子式为 $C_{20}H_{26}O_2$,相对分子质量为 298.41,其为白色结晶粉末,无臭、微苦,熔点为 202~208℃。炔诺酮不溶于水,微溶于乙醇,略溶于丙酮,溶于氯仿,能抑制排卵,有避孕作用。

炔诺酮可作孕激素类药,本品有较强的孕激素样作用,主要促进并维持妊娠前期与妊娠期的子宫变化,其抑制垂体分泌促性腺激素的作用呈明显剂量关系,并有一定的抗雌激素作用,具有较弱的雄激素活性和蛋白同化作用。炔诺酮主要用于功能性子宫出血症、痛经、月经不调、子宫内膜异位症及不育症等;与雌激素类药合用,可作为避孕药。

问题: 1. 仔细观察炔诺酮的结构,分子中含有哪几种官能团?
  2. 具有什么样结构的炔烃能生成金属炔化物?炔诺酮能否生成金属炔化物?
  3. 用什么化学方法区别丙烯和丙炔?

目标检测

一、自我小结填空

项目	内容
烯烃	官能团:_____;分子式通式:_____;代表物:_____
炔烃	官能团:_____;分子式通式:_____;代表物:_____
化学性质	1. 加成反应 _____ 如 $CH_2{=}CH_2 + Br_2 \longrightarrow$ _____;$CH{\equiv}CH + H_2 \xrightarrow{Ni}$ _____; 2. 氧化反应 烯和炔都可以点燃生成 CO_2 和 H_2O;也可以被_____色的 $KMnO_4$ 氧化而使其褪色 如 $CH_2{=}CH_2 + O_2 \xrightarrow{点燃}$ _____;$CH{\equiv}CH + O_2 \xrightarrow{点燃}$ _____; 3. 聚合反应 如 $nCH_2{=}CH_2 \xrightarrow{催化剂}$ _____; 4. 生成炔化物 具有_____结构的炔,可以与_____、_____作用生成_____色的_____和_____沉淀
系统命名原则	1. 选主链:选含官能团_____的最长碳链为主链; 2. 给主链编号:从靠近_____一端给主链编号,并以_____位次标出官能团位置; 3. 写名称:取代基_____-数目名称-_____位置-某烯(炔)
同分异构类型	碳链异构,位置异构
重要应用	烯和炔使溴水和高锰酸钾褪色,烷烃没有这种性质。用这种性质可以将烷烃与烯、炔区别开

二、写出下列化合物的结构简式

1. 丙烯
2. 1-丁炔
3. 3-甲基-1-丁烯
4. 2-甲基丙烯
5. 4-甲基-2-戊炔

三、用系统命名法命名下列有机化合物，并写出各有机化合物官能团的名称

1. $CH_3-\underset{\underset{CH_3}{|}}{C}=CH_2$

2. $CH_3-\underset{\underset{CH_3}{|}}{CH}-CH=CH-CH_3$

3. $CH_3-CH=CH-CH_3$

4. $CH_3-C\equiv \underset{\underset{CH_2-CH_3}{|}}{C}-CH_2-CH_3$

四、选择题

1. 下列物质属于烯烃的是（　　）。
   A. C_2H_6
   B. C_2H_4
   C. C_2H_2
   D. C_6H_6

2. 通常用于衡量一个国家的石油化工发展水平的是（　　）。
   A. 柴油的产量
   B. 塑料的产量
   C. 石油的产量
   D. 乙烯的产量

3. 下列有机化合物分子中含有碳碳双键的是（　　）。
   A. 2-丁炔
   B. 丙烯
   C. 聚乙烯
   D. 乙烷

4. 下列物质中，可能属于烯烃的是（　　）。
   A. C_4H_6
   B. C_5H_{12}
   C. C_6H_{10}
   D. C_6H_{12}

5. 下列烃中，不能使酸性高锰酸钾溶液和溴水褪色的是（　　）。
   A. C_2H_4
   B. C_3H_6
   C. C_2H_6
   D. C_3H_4

6. 下列各组有机化合物中，互为同系物的一组是（　　）。
   A. C_2H_4 与 C_3H_6
   B. CH_4 与 C_2H_4
   C. C_2H_4 与 C_3H_4
   D. C_2H_4 与 C_2H_6

7. 下列物质中，能使高锰酸钾酸性溶液和溴水都褪色的是（　　）。
   A. C_6H_{14}
   B. C_6H_6
   C. C_5H_{10}
   D. CH_4

8. 乙烯不可能发生的反应是（　　）。
   A. 取代反应
   B. 加成反应
   C. 氧化反应
   D. 聚合反应

9. 1-丁烯与溴化氢发生加成反应的主产物是（　　）。
   A. 1-溴丁烷
   B. 1-溴丁烯
   C. 2-溴丁烷
   D. 2-溴丁烯

10. 下列物质中，能生成金属炔化物的是（　　）。
    A. $CH_3-CH_2-CH_3$
    B. $CH_2=CH-CH_3$
    C. CH_3-CH_3
    D. $CH\equiv CH$

11. 烯烃能使酸性高锰酸钾褪色，这个反应属于（　　）。
    A. 取代反应
    B. 加成反应
    C. 氧化反应
    D. 聚合反应

12. 烯烃能使溴水褪色，这个反应属于（　　）。
    A. 取代反应
    B. 加成反应
    C. 氧化反应
    D. 聚合反应

五、填空题

1. 乙烯的结构简式是_____，它的分子中含有_____个 C—C σ 键，含有_____个 C—H σ 键，其中，$\underset{}{C}=\underset{}{C}$ 中含有_____和_____化学键。

2. 烯烃、炔烃由于官能团中存在_____键，键能_____，容易_____，因而化学性质较活泼，容易发生_____、_____和聚合等化学反应。

六、完成下列反应

1. $CH_3-CH=CH_2 + Br_2 \xrightarrow{\text{室温}}$

2. $H_2C=CH_2 + H_2 \xrightarrow{\text{铂粉}}$

3. $HC\equiv CH + 2Br_2 \xrightarrow{\text{室温}}$

4. $CH_2=CH_2 \xrightarrow[\text{高温、高压}]{\text{催化剂}}$

七、用化学方法区别下列有机化合物

1. 乙烷与乙烯
2. 乙烯与乙炔

八、思考题

某物质的分子式是 C_3H_4，它能够与硝酸银的氨水溶液反应，生成白色沉淀，也能够使溴水的棕红色褪色。

　　1. 试写出该物质的结构简式。

2. 写出上述发生反应的化学反应方程式。

<h1 style="text-align:center">第 3 节　芳　香　烃</h1>

在有机化学发展初期,从树脂和香精油等天然产物中提取了一些具有芳香气味的物质,于是将此类物质称为**芳香族化合物**。研究发现,此类化合物的结构中都含有苯环

( ),但含苯环的化合物并不都有芳香气味,有些还有相当难闻的气味。所以"芳香"

一词已经失去了原有的含义,其真实含义是"含苯环的"。分子中含有苯环结构的烃称为

芳香烃,简称芳烃。

<h2 style="text-align:center">一、苯分子的结构特征</h2>

案例 2-6

混苯中毒事件

2007 年 5 月,某防腐公司劳务队 3 名油漆工在货船舱底进行喷漆作业时,出现了头晕、胸闷、皮肤有小块紫斑等症状,进一步检查发现白细胞增高,有贫血现象。根据现场调查与专家会诊的结果,初步诊断本次中毒为一起急性职业性混苯中毒事件。

问题:1. 引起油漆工中毒的物质是哪一类有机化合物? 写出它的结构通式。

2. 最简单的芳香烃是什么? 写出它的结构式。

苯是最简单的芳香烃,分子式是 C_6H_6。从苯的分子式看,苯是远没有达到饱和的环烃。经过科学家的长期研究,人们对苯分子的结构有了初步认识,观察图 2-7 中苯分子的球棍式结构,可得出苯分子的结构式和结构简式。

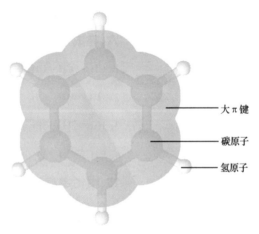

图 2-7　苯分子的球棍式结构

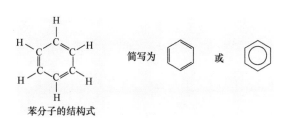

苯分子的结构式

仔细观察苯分子的结构可知,苯分子中的 6 个碳原子和 6 个氢原子都在同一平面上,6 个碳原子结合成一个正六边形的平面结构,苯环上碳碳之间除了以单键 σ 键相互连接外,三个双键互相交叠,形成一个大 π 键。

事实上,苯分子中的 6 个碳原子之间的化学键的键长完全相同,说明分子中并不存在单双键相间隔的结构。经研究确定,苯环中的 6 个碳原子相互联合,形成一种介于单键和双键之间的特殊共价键——大 π 键,如图 2-7 所示。这是 6 个碳原子共同形成的化学键。

因此还可以将苯的结构式简写为 ◯ 或 ◯ 。

值得注意的是,尽管我们仍沿用 来表示苯的结构,但并不表示苯分子中的碳碳键是单、双键交替出现的。因此,严格地说,苯是一种特殊的不饱和烃。

 链 接

凯库勒的苯环之梦

关于苯分子的环状结构的提出,一直是化学史上的一个趣闻。凯库勒(F. A. Kekule,1829—1896)是一位极富想象力的德国化学家,长期致力于苯分子结构的研究,终日苦思冥想不得其解。1864 年冬的一天夜晚,凯库勒在书房里打瞌睡,睡梦中,眼前出现了旋转的碳原子长链,且这条碳原子的长链像一条狂舞的蛇突然咬住了自己的尾巴并旋转不停。凯库勒像触电一般猛然醒来,受此启发,整理了苯环结构的假说,首先提出了苯的环状结构学说。

凯库勒平时总是冥思苦想,善于捕捉直觉形象,所以才会梦有所想。他的成功并不是偶然的,而是他善于独立思考,勤于追求、探索的结果。

二、 苯的同系物与命名

苯环上的氢原子被烃基取代所生成的化合物称为**苯的同系物**。苯及其同系物的组成通式为 $C_nH_{2n-6}(n \geqslant 6)$。

苯环上可以有一个、两个或多个氢原子被取代,分别称为苯的一元、二元、多元取代物。

(一) 一元烷基苯

苯环上的 1 个氢原子被烷基取代而生成的化合物称为一元烷基苯。苯环上只有一个取代基时,苯环上的 6 个碳氢键是完全等同的,取代基与苯环的任意一个碳原子相连,都是一样的,因而无同分异构现象。命名时以苯环为母体,取代基名称写在某苯前,称为"某基苯",常把"基"字省略,称为"某苯"。例如:

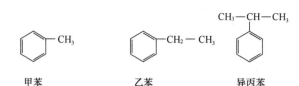

甲苯　　　　　　　　乙苯　　　　　　　异丙苯

（二）二元烷基苯

苯环上的两个氢原子被烷基取代而生成的化合物称为二元烷基苯。由于两个烷基的相对位置不同,可产生3种同分异构体。命名时,必须标明烷基在苯环上的相对位置,位置可用阿拉伯数字或邻(o)、间(m)、对(p)来标明,且应使位次和最小。例如:

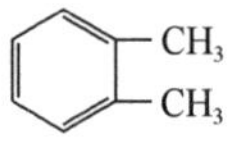

邻(o-)二甲苯　　　　　　间(m-)二甲苯　　　　　　对(p-)二甲苯
(1,2-二甲苯)　　　　　　　(1,3-二甲苯)　　　　　　　(1,4-二甲苯)

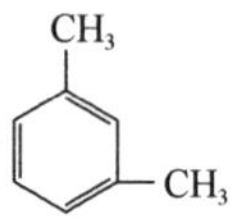

（三）三元烷基苯

苯环上的3个氢原子被烷基取代而生成的化合物称为三元烷基苯。有三个相同甲基的三元烷基苯也有3种同分异构体。命名时,相同取代基的相对位置可用阿拉伯数字或连、偏、均来表示。例如:

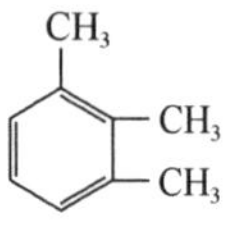

连三甲苯　　　　　　　　偏三甲苯　　　　　　　　　均三甲苯
(1,2,3-三甲苯)　　　　　　(1,2,4-三甲苯)　　　　　　(1,2,5-三甲苯)

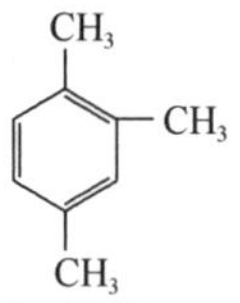

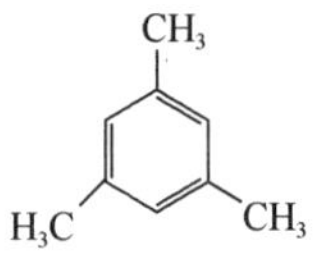

（四）苯环作为取代基

当苯环上连的烃基结构复杂时,常把苯环作为取代基来命名。例如:

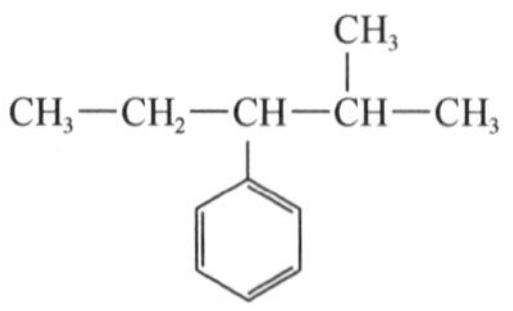

2-甲基-3-苯基戊烷

链　接

苯的衍生物

苯环上的氢原子还可被卤素、硝基、磺酸基等其他原子或基团取代,生成苯的衍生物。当苯环上连有烷基、卤素、硝基时,以"苯"作为母体来命名。当苯环上连有的是除烷基、卤素、硝基外的原子或原子团时,命名时将苯作为取代基对待。例如:

氯苯　　　　　　　　　溴苯　　　　　　　　硝基苯

苯磺酸　　　　　　　苯甲酸　　　　　　　苯酚

苯或苯的同系物分子中,去掉一个氢原子剩下的原子团称为**芳香烃基**。通常用符号Ar—表示。例如:

苯基　　　　　　　　苯甲基(苄基)

三、 苯及其同系物的理化性质

【物理性质】　苯及其同系物一般是无色而有特殊气味的液体,不溶于水,易溶于汽油、乙醇和乙醚等有机溶剂,密度为 $0.86 \sim 0.90 g/cm^3$,具有易挥发、易燃的特点。它们一般具有毒性,长期吸入苯蒸气会引起慢性中毒,苯也易被皮肤吸收引起中毒。

链　接

苯及苯的同系物的毒性

苯及苯的同系物主要存在于油漆、化学胶水以及各种内墙涂料中;还存在于制造人造革、合成橡胶、合成纤维、香料、药物、农药、树脂等的作业场所。苯被世界卫生组织(WHO)国际癌症研究中心(IARC)确认为高毒致癌物质。因为苯是一种无色、具有芳香气味的液体,所以专家称之为"芳香杀手"。急性毒作用主要针对中枢神经系统,慢性中毒主要作用于造血组织及神经系统,但若造血功能完全破坏,可发生致命的颗粒性白细胞消失症,并引起白血病。由于苯属芳香烃类,因此人一时不易察觉其毒性。苯、甲苯和二甲苯是以蒸气状态存在于空气中,中毒作用一般是由吸入蒸气或皮肤吸收所致。如果长期接触一定浓度的甲苯、二甲苯,会引起慢性中毒,可出现头痛、失眠、精神萎靡、记忆力减退等神经衰弱症。甲苯、二甲苯对生殖功能也有一定影响,并导致胎儿先天性缺陷(即畸形)。两者对皮肤和黏膜的刺激性大,对神经系统的损害比苯强,长期接触还有引起膀胱癌的可能。

【化学性质】　从苯的结构式推测,苯的化学性质应该显示出极不饱和性。但通过实验证明,苯既不能被高锰酸钾氧化也不能与溴水发生加成反应使其褪色,说明苯的化学性质比烯烃、炔烃稳定。

芳香烃的特殊结构决定了它们都具有特殊的性质,苯及其同系物的化学性质主要发生在苯环上。一般情况下表现为难加成、难氧化、易取代的**芳香性**。

（一）取代反应

取代反应是芳香烃苯环上最主要的化学反应,比较重要的取代反应有卤代、硝化和磺化等反应。

1. 卤代反应

在卤化铁或铁粉作催化剂时,苯能与卤素作用,苯环上的氢原子被卤原子(—X)取代,生成卤代苯。例如：

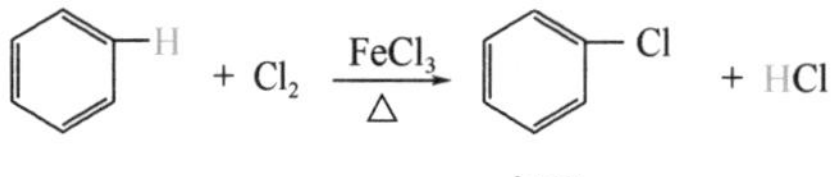

即时练

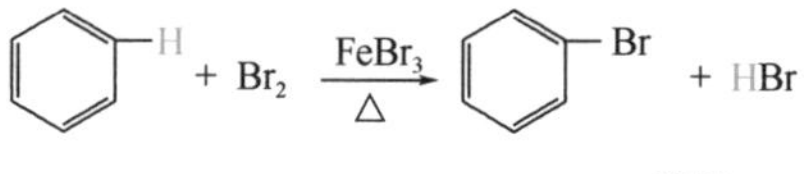

苯与浓硫酸和浓硝酸的混合物共热至 50~60℃时,苯环上的氢原子被硝基(—NO₂)取代生成硝基苯,这一反应称为**硝化反应**。完成反应方程式：

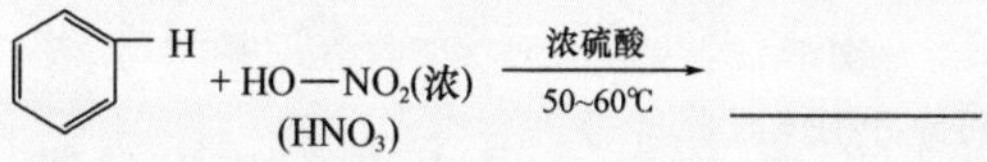

苯与浓硫酸共热至 75~80℃时,苯环上的氢原子被磺酸基(—SO₃H)取代,生成苯磺酸的反应称为**磺化反应**。完成反应方程式：

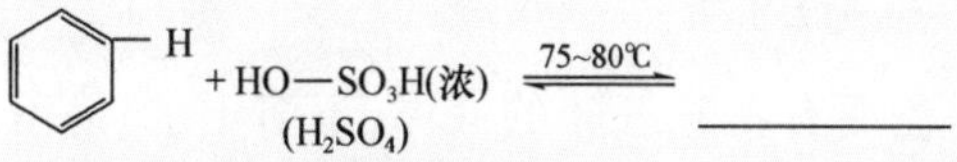

2. 苯的同系物的取代反应

苯的同系物比苯更容易发生取代反应,且反应主要发生在邻、对位上。例如：

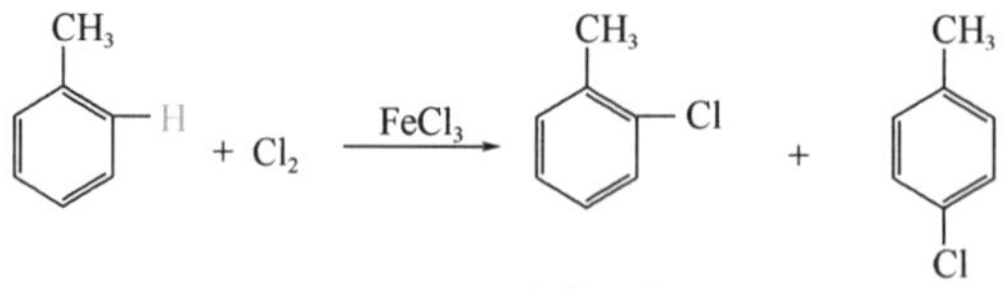

邻氯甲苯　　　对氯甲苯

在光照或加热条件下,苯的同系物与卤素反应,卤素取代的是苯环侧链上的氢原子,而不是取代苯环上的氢原子。

苯氯甲烷(氯化苄)

即时练

甲苯与混酸反应,得到邻、对位的硝化产物,且反应比苯容易。并且甲苯也能只与浓硫酸反应得到邻、对位的磺化产物。

完成下列反应方程式:

$$\text{甲苯} + HNO_3(\text{浓}) \xrightarrow{\text{浓硫酸}} \underline{\quad\quad} + \underline{\quad\quad}$$

$$\text{甲苯} + H_2SO_4(\text{浓}) \longrightarrow \underline{\quad\quad} + \underline{\quad\quad}$$

(二) 氧化反应

苯环不易被氧化,但苯的同系物因含有侧链可以被强氧化剂所氧化,而且不论烷基长短,一般都氧化成羧基(—COOH)。例如,实验证明,甲苯可使紫色酸性高锰酸钾溶液褪色。

$$\text{苯-CH}_3 \xrightarrow{KMnO_4+H_2SO_4} \text{苯-COOH (苯甲酸)}$$

$$\text{苯-CH}_2CH_3 \xrightarrow{KMnO_4+H_2SO_4} \text{苯-COOH (苯甲酸)}$$

利用这一性质,可以区分苯和苯的同系物。

(三) 加成反应

苯不具备典型的碳碳双键结构,比一般不饱和烃稳定,不容易发生加成反应。但在特定的条件下,苯也能与 H_2 或 Cl_2 发生某些加成反应。例如:

$$\text{苯} + 3H_2 \xrightarrow[180\sim250℃]{\text{镍}} \text{环己烷}$$

$$\text{苯} + 3Cl_2 \xrightarrow{\text{紫外线}} \text{六氯环己烷(俗称六六六)}$$

六氯环己烷因分子中含 6 个碳、6 个氢、6 个氯原子而简称"六六六",曾是一种广泛使用的有机氯杀虫剂,但由于其化学性质稳定,对环境和食品易污染,使人产生积累性中毒,现已被淘汰。

即时练

① 下列烃能使高锰酸钾、溴水褪色的是(　　)。

　A. 乙烷　　B. 乙烯

　C. 甲苯　　D. 苯

② 完成下列反应式:

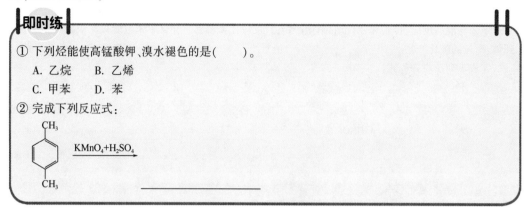

四、稠环芳香烃

稠环芳香烃是由两个或两个以上苯环共用相邻两个碳原子相互稠合而成的多环芳香烃。重要的稠环芳香烃有萘、蒽、菲等。

(一) 萘

萘是最简单的稠环芳香烃,分子式为 $C_{10}H_8$。萘的分子结构是平面的,可看成是由两个苯环稠合而成的,其结构式如下:

萘是无色片状结晶,熔点为 80.2℃,沸点为 218℃,易升华,有特殊气味;萘有较强的挥发性,放到箱子里或衣橱里会挥发出樟脑般刺鼻的气味,使蛀虫窒息而死,从而使衣物不受虫蛀。但萘有毒性,属强烈致癌物。研究发现萘能影响并破坏红细胞细胞膜的完整性,导致溶血性贫血,早在 1993 年就停止使用。

(二) 蒽和菲

蒽和菲的分子式都是 $C_{14}H_{10}$,它们互为同分异构体。蒽和菲都是由三个苯环稠合而成的,蒽是直线稠合,菲是角式稠合。它们的结构式如下:

蒽　　　　　　　　　　菲

蒽和菲都存在于煤焦油中,它们都是无色晶体,两者都难溶于水,易溶于苯。

生物体内有许多重要的天然化合物,如甾体、性激素、维生素 D 等都含有菲的结构骨架。一个完全氢化了的菲与环戊烷稠合在一起的结构称为**环戊烷多氢菲**。结构式如下:

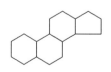

环戊烷多氢菲

（三）致癌烃

20世纪初人们已经注意到,长期从事煤焦油作业的人员易患皮肤癌。深入研究发现,存在于煤焦油中的1,2-苯并芘有高度的致癌性。

某些有四个或四个以上苯环的稠环芳香烃有致癌作用,称为致癌烃,如1,2-苯并芘、1,2,5,6-二苯并蒽、1,2,3,4-二苯并菲等。

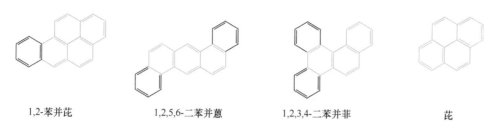

| 1,2-苯并芘 | 1,2,5,6-二苯并蒽 | 1,2,3,4-二苯并菲 | 芘 |

北欧人患胃癌较多,据说与当地人多吃熏制食物的饮食习惯有关,由于熏制食品和烧焦的食物中都含有微量的1,2-苯并芘。香烟的烟雾中也含有1,2-苯并芘,吸烟和被动吸烟者肺癌发病率高也可能与此有关。

目标检测

一、自我小结填空

项目	内容
芳香烃	芳香烃:一般是指分子中含_____的烃
最简单的芳香烃——苯	苯的结构式:_____;结构简式:_____或_____; 苯的分子式_____,是_____形,分子中6个碳原子间有一个共同的化学键,是一种介于单键和双键之间一种特殊的键——_____键
苯及其同系物	苯的同系物:苯环上的氢原子_____取代所生成的化合物; 苯及其同系物的组成通式:$C_nH_{2n-6}(n \geq 6)$。 二甲苯有邻、间、对三种同分异构体; 化学性质表现为芳香性:难_____、难_____、易_____
苯及其同系物的化学性质	1. 氧化反应:苯_____被强氧化剂高锰酸钾所氧化,但苯的同系物侧链_____氧化成羧基,且能使酸性高锰酸钾溶液_____;例如: R $\xrightarrow{H_2SO_4+KMnO_4}$ _____ 2. 取代反应:苯及其同系物可以发生卤代、硝化、磺化反应。例如: ⬡ + Br$_2$ $\xrightarrow{FeCl_3}$ _____ ⬡ + HO—NO$_2$ $\xrightarrow{H_2SO_4}$ _____ 3. 加成反应:在特殊情况下,苯可以与氢气、氯气发生加成反应。 ⬡ + Cl$_2$ $\xrightarrow{紫外光}$ _____

续表

项目	内容
稠环芳香烃	萘是最简单的稠环芳香烃,结构简式: _____;蒽的结构简式: _____ 菲的结构简式: _____,蒽和菲互为同分异构体
重要应用	利用苯和苯的同系物被酸性高锰酸钾氧化的差异性,区别苯和苯的同系物

二、写出下列化合物的结构简式

1. 甲苯　　　　2. 对二甲苯

3. 乙苯　　　　4. 氯苯

5. 硝基苯　　　6. 苯磺酸

三、用系统命名法给下列物质命名

1. 　　2.

3. 　　4.

四、选择题

1. 芳香烃是指( )。

　A. 分子中含有苯环的化合物

　B. 分子组成符合 $C_nH_{2n-6}(n\geqslant6)$ 的化合物

　C. 分子中含有一个或多个苯环的碳氢化合物

　D. 苯及其衍生物

2. 下列各组物质中,不能发生取代反应的是( )。

　A. 苯与氢气　　B. 苯与溴水

　C. 苯与浓硫酸　D. 苯与浓硝酸

3. 下列物质中,常温下能使酸性高锰酸钾溶液褪色而不能使溴水褪色的是( )。

　A. 乙烷　　　　B. 乙炔

　C. 苯　　　　　D. 甲苯

4. 关于苯和甲苯的性质,下列叙述不正确的是( )。

　A. 都能在空气中燃烧

　B. 都能使高锰酸钾溶液褪色

　C. 都是有特殊气味的液体

　D. 都能发生取代反应

5. 下列物质中属于苯的同系物的是( )。

A. 　　B.

C. 　　D.

6. 与二甲苯互为同分异构体的是( )。

　A. 甲苯　　　　B. 硝基苯

　C. 乙苯　　　　D. 溴苯

7. 下列分子中的各原子不在同一平面上的是( )。

　A. 甲烷　　　　B. 乙烯

　C. 乙炔　　　　D. 苯

8. 下列各组烃中,互为同系物的一组是( )。

　A. 甲烷与乙烯

　B. 乙烯与乙炔

　C. 邻二甲苯与间二甲苯

　D. 乙烯与丙烯

9. 下列不属于苯的芳香性的是( )。

　A. 难被氧化

　B. 难发生加成反应

　C. 易发生取代反应

　D. 易发生还原反应

10. 关于苯的结构,说法不正确的是( )。

　A. 苯是平面正六边形结构

　B. 苯的分子中含有六个碳碳 σ 键和六个碳氢 σ 键

　C. 苯分子中有 3 个 π 键

　D. 苯分子中有一个大 π 键

五、填空题

1. 苯分子中的6个碳原子和氢原子都在_____上,6个碳原子结合成一个_____形的_____结构;芳香烃中的大 π 键是苯环中的6个碳原子相互联合,形成的一种介于_____键和_____键之间的特殊共价键。

2. π 键键能较低,易破裂。芳香烃中的大 π 键_____。

3. 分子式为 C_8H_{10} 的苯的同系物有_____种同分异构体,它们的结构式分别为_____、_____、_____、_____。

六、完成下列化学反应方程式,并注明反应类型

1.  + Br₂ $\xrightarrow{\text{Fe粉}}$

2. ⬡ + HNO₃（浓） $\xrightarrow[\text{50~60℃}]{\text{浓硫酸}}$

3. ⬡CH₃ + Cl₂ $\xrightarrow{\text{FeCl}_3}$

4. ⬡CH₃ $\xrightarrow{\text{KMnO}_4+\text{H}_2\text{SO}_4}$

七、用化学方法区别下列两组有机化合物

1. 苯和乙苯

2. 己烷、己烯和甲苯

第 3 章 烃的含氧衍生物

有机化合物中,除了碳原子和氢原子之外,分子中还有氧原子的化合物,称为**含氧有机化合物**或者烃的**含氧衍生物**。根据氧原子的连接形式不同,可分为醇、酚、醚、醛酮、羧酸和酯类等有机化合物。本章重点介绍以上物质的结构特点和理化性质,以及常见含氧有机化合物的医药应用。

第 1 节 醇、酚、醚类有机化合物

醇、酚、醚类有机化合物属于烃的含氧衍生物,它们的分子都是由碳、氢、氧三种元素组成,其特点是碳原子与氧原子之间的化学键均为**单键**。醇、酚、醚类有机化合物有的直接用作药物,有的则为合成药物的主要原料,它们与医药密切相关。

一、 醇类有机化合物

(一) 醇的结构特征、分类和命名

 案例 3-1

甲醇、乙醇和工业酒精

在南方某省,有两兄弟以造酒为生,他们梦想一夜之间暴富。有一天,他们用工业酒精制造成白酒出售。当村民喝了他们的假酒后当即死亡多人,这两兄弟也锒铛入狱!

问题:1. 什么是甲醇、乙醇和醇类有机化合物? 写出甲醇、乙醇的结构简式。

2. 禁用工业酒精配制饮料酒,是因为工业酒精中含有什么有害物质? 误饮多少量的甲醇可致人失明? 误饮多少量的甲醇可致人死亡?

1. 醇的结构特征

观察图 3-1 中乙醇分子的球棍式结构,根据球棍式结构可以得出它们的结构式和结构简式。

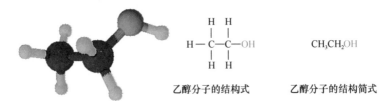

乙醇分子的结构式　　　　　乙醇分子的结构简式

图 3-1　乙醇分子的球棍式结构

观察上述结构得出,**醇类**是脂肪烃、脂环烃分子中的氢原子或芳香烃侧链上的氢原子被羟基(—OH)取代后生成的化合物。醇类化合物的官能团是(醇)羟基(—OH)。

醇分子由烃基和羟基组成,醇的结构通式为

$$R{-}OH \text{ 或 } Ar{-}CH_2{-}OH$$

2. 醇的分类

醇分子由烃基和羟基组成,依据烃基的结构,它的分类方法有三种:

根据羟基所连烃基的类型不同,分为脂肪醇、脂环醇和芳香醇。

根据分子中所含羟基的数目分为一元醇和多元醇(二元或二元以上)。一元醇:含一个羟基的醇;多元醇:含两个或两个以上羟基的醇。

根据羟基所连碳原子的种类不同,可分为**伯醇**、**仲醇**和**叔醇**。伯醇:羟基与伯碳原子相连;仲醇:羟基与仲碳原子相连;叔醇:羟基与叔碳原子相连。例如:

$$CH_3CH_2CH_2—CH_2—OH \qquad CH_3CH_2—\overset{\displaystyle}{\underset{\displaystyle CH_3}{CH}}—OH \qquad CH_3CH_2—\overset{\displaystyle CH_3}{\underset{\displaystyle CH_3}{C}}—OH$$

伯醇(正丁醇)   仲醇(异丁醇)   叔醇(叔丁醇)

3. 醇的命名

结构简单的醇(碳原子数不超过 4 的一元醇)采用普通命名法,其命名原则与烃相似,即在"醇"前面加上烃基的名称,"基"字可以省去,如甲醇、乙醇等,以及上述的正丁醇、异丁醇、叔丁醇。另外,医药学中的醇还常使用俗名,例如:乙醇俗称酒精,丙三醇俗称甘油。

结构较复杂的醇则采用系统命名法,即:

1)选主链:选择分子中含有羟基的最长碳链为主链。

2)编号:从靠近羟基碳原子的一端开始,给主链碳原子依次编号。

3)命名:将侧链作为取代基,把取代基的位次、数目及名称写在醇名称的前面,并分别用短线隔开,称为"某醇"(某是主链的碳原子数)。

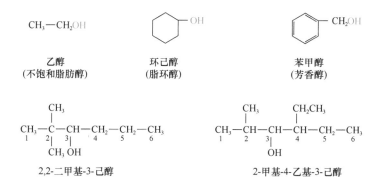

乙醇   环己醇   苯甲醇
(不饱和脂肪醇)   (脂环醇)   (芳香醇)

2,2-二甲基-3-己醇   2-甲基-4-乙基-3-己醇

多元醇命名时,选择包含多个羟基在内的碳链作为主链,按所含羟基数称为"某二醇"、"某三醇"等,将各羟基的位次标在醇名称前面。例如:

$$CH_3\overset{\displaystyle}{\underset{\displaystyle OH}{CH}}—CH_2—CH_3 \qquad \overset{\displaystyle CH_2—OH}{\underset{\displaystyle CH_2—OH}{|}} \qquad \begin{array}{l}CH_2—OH\\ |\\ CH—OH\\ |\\ CH_2—OH\end{array}$$

2-丁醇   乙二醇   丙三醇

(一元醇)   (一元醇)   (多元醇)

（二）醇的理化性质

【物理性质】 直链饱和一元醇中，$C_1 \sim C_4$ 的低级醇为无色易挥发液体，具有酒味，易溶于水；$C_5 \sim C_{11}$ 的中级醇为油状液体，具有不愉快的气味；C_{12} 以上的高级直链醇为蜡状固体，无嗅、无味。

由于醇分子间存在氢键，低级醇的沸点比相对分子质量相近的烷烃高得多。例如，甲醇和乙烷的相对分子质量分别为 32 和 30，两者相近，但甲醇的沸点是 64.5℃，而乙烷的沸点只有 -88.6℃，两者相差 15.3℃ 左右。

醇分子与水分子之间也可以形成氢键，因此低级醇可以与水任意混溶。例如，甲醇、乙醇均能与水以任意比例混溶。随着醇分子的碳原子数目增多、相对分子质量增大，醇的水溶性明显下降。

【化学性质】 醇的官能团是 —OH，其主要的化学性质取决于羟基：

$$R \mathrel{\,\vdots\,} O \mathrel{\,\vdots\,} H$$

羟基上的氢原子发生的反应
羟基发生的反应

醇的化学性质主要表现在以上两种化学键的断裂而形成的性质。

1. 与金属反应

醇与活泼金属（如钠、钾、锂、镁等）发生反应，生成相应醇的金属化合物，放出氢气。例如：

$$CH_3\!-\!CH_2\!-\!O\!-\!H + 2Na \longrightarrow CH_3\!-\!CH_2\!-\!ONa + H_2\uparrow$$
$$\qquad\qquad 乙醇 \qquad\qquad\qquad\qquad 乙醇钠$$

乙醇钠是一种化学性质活泼的白色固体，在水中不稳定，极易水解生成乙醇和氢氧化钠，滴入酚酞试液后，溶液显红色（彩图 3-1）。

$$CH_3\!-\!CH_2\!-\!ONa + H_2O \Longrightarrow NaOH + CH_3\!-\!CH_2\!-\!OH$$
$$\qquad 乙醇钠 \qquad\qquad\qquad\qquad\qquad\qquad 乙醇$$

可见，乙醇钠是一种与氢氧化钠的碱性相媲美的强碱性物质。

即时练

醇也可以与其他活泼金属发生化学反应。写出如下化学反应方程式：

$$CH_3\!-\!CH_2\!-\!OH + 2K \longrightarrow \underline{\qquad} + \underline{\qquad}\uparrow$$
$$CH_3\!-\!CH_2\!-\!OK + H_2O \longrightarrow \underline{\qquad} + \underline{\qquad}$$

钾与乙醇的反应更加剧烈，反应中放出更多的热量，往往产生火焰。

2. 与无机酸反应

醇能与含氧无机酸如硝酸、磷酸、亚硝酸及硫酸等分子作用，发生分子间脱水生成无机酸酯。这种酸和醇脱水生成酯的反应，称为**酯化反应**。例如：

$$\begin{array}{l} CH_2\!-\!OH \\ | \\ CH\!-\!OH \\ | \\ CH_2\!-\!OH \end{array} + 3HO\!-\!NO_2 \xrightarrow[100℃]{H_2SO_4} \begin{array}{l} CH_2\!-\!ONO_2 \\ | \\ CH\!-\!ONO_2 \\ | \\ CH_2 \end{array} + 3H_2O$$

甘油三硝酸酯又称硝化甘油或硝酸甘油，是一种猛烈的炸药，也可用作心血管舒张药，可使心绞痛缓解。另外，醇与硫酸、磷酸也可以发生酯化反应。

醇可与磷酸作用,生成磷酸酯。磷酸为三元酸,可与三分子的醇反应生成三种磷酸酯。

$$R-OH + HO-\underset{\underset{OH}{|}}{\overset{\overset{O}{\|}}{P}}-OH \xrightarrow{-H_2O} RO-\underset{\underset{OH}{|}}{\overset{\overset{O}{\|}}{P}}-OH \xrightarrow[R-OH]{-H_2O} RO-\underset{\underset{OR}{|}}{\overset{\overset{O}{\|}}{P}}-OH \xrightarrow[R-OH]{-H_2O} RO-\underset{\underset{OR}{|}}{\overset{\overset{O}{\|}}{R}}-OR$$

醇　　　　磷酸　　　　磷酸一烷基酯　　　　磷酸二烷基酯　　　磷酸三烷基酯

生物体内不但存在磷酸酯,而且还有二磷酸酯和三磷酸酯。

含有无机酸酯结构的物质广泛存在于人体内,醇的无机酸酯具有多方面用途。例如,重要的供能物质腺苷三磷酸就是一种具有三磷酸结构的化合物;组成细胞的重要成分如核酸、磷脂中也都含有磷酸酯的结构,它们在生物化学中具有重要意义;体内的某些代谢过程也往往通过形成磷酸酯作为中间产物;软骨中的硫酸软骨质具有硫酸酯的结构。

即时练

高级醇的酸性硫酸酯的钠盐($C_{12}H_{25}OSO_2ONa$)是一种合成洗涤剂;亚硝酸异戊酯和硝酸甘油可用作缓解心绞痛药物;磷酸酯常用作增塑剂、萃取剂和杀虫剂。写出亚硝酸异戊酯和硝酸甘油的结构简式。

3. 脱水反应

(1) 醇的分子内脱水

醇在硫酸存在下加热至一定温度,可发生分子内脱水生成烯烃。例如:

$$\underset{乙醇}{\underset{\overset{|\quad\quad|}{H\quad OH}}{CH_2-CH_2}} \xrightarrow[170℃]{H_2SO_4} \underset{乙烯}{CH_2=CH_2} + H_2O$$

人体内的代谢反应中,某些含有醇羟基的化合物在酶的作用下也会发生分子内脱水生成含有双键的化合物。

(2) 醇的分子间脱水

醇在适当温度下与硫酸作用,可经分子间脱水形成醚。例如:

$$\underset{乙醇}{CH_3CH_2-OH\ \ H-O-CH_2CH_3} \xrightarrow[140℃]{H_2SO_4} \underset{乙醚}{CH_3CH_2-O-CH_2CH_3} + H_2O$$

4. 氧化反应

有机化学反应中,在分子中引入氧原子或脱去氢原子的反应都称为**氧化反应**;反之,引入氢原子或脱去氧原子,都称为**还原反应**。具体而言,分子中氧原子与碳原子之间的化学键数目增加,就是氧化反应,反之就是还原反应;分子中氢原子与碳原子之间的化学键数目增加,就是还原反应,反之就是氧化反应。例如:

$$\underset{伯醇}{CH_3-CH_2-OH} \xrightarrow{[O]} \underset{醛}{CH_3-\overset{\overset{O}{\|}}{C}H} \xrightarrow{[O]} \underset{羧酸}{CH_3-\overset{\overset{O}{\|}}{C}-OH}$$

$$\underset{仲醇}{CH_3-\underset{\underset{OH}{|}}{C}H-CH_3} \xrightarrow{[O]} \underset{酮}{CH_3-\overset{\overset{O}{\|}}{C}-CH_3}$$

仔细观察生成物与反应物分子中的碳氧之间的化学键数目发现,碳氧之间的化学键数目逐渐增多,反应属于氧化反应。可见,伯醇氧化生成醛,仲醇氧化生成酮。由于叔醇 α 碳原子上不连氢原子,所以在同等条件下不易被氧化。因此利用该反应可将叔醇与伯醇、仲醇区别开来。

常用的氧化剂有酸性高锰酸钾($KMnO_4$)溶液、重铬酸钾与硫酸($K_2Cr_2O_7\text{-}H_2SO_4$)混合溶液等,反应现象为高锰酸钾、重铬酸钾的颜色消失。重铬酸钾与硫酸混合溶液是检查酒驾的重要手段。

┃即时练┃

在人体内酶的催化下,某些含有羟基的化合物能脱氢氧化形成含羰基的化合物,称为生物氧化。例如,乙醇在肝脏内通过乙醇脱氢酶的催化作用氧化为乙醛,在乙醛脱氢酶的催化下氧化为乙酸,乙酸可被细胞利用。若人体内乙醇脱氢酶活性高,而乙醛脱氢酶活性较低,则可以产生较多的乙醛。乙醛具有扩张血管的功能,所以这种人喝酒容易产生脸红的现象。

人体肝脏中的酶是有限的,不能转化过量的乙醇,所以饮酒过量时,大量的乙醇就继续在血液中循环,可能引起酒精中毒。初始阶段,反应在细胞的线粒体中进行。

人体内的乙醇在酶的作用下可以发生脱氢氧化生成乙醛和乙酸。

①完成下列化学反应方程式。

$$CH_3-\overset{\overset{\displaystyle OH}{|}}{\underset{\underset{\displaystyle H}{|}}{C}}-H \xrightarrow[\text{乙醇脱氢酶}]{-2H}$$

②仔细观察上述化学反应方程式中反应物与生成物中氧原子与碳原子连接的化学键数目变化,说出反应的类型。

③若在特定条件下反应可以反方向进行,那么,反方向的反应是什么反应呢?

5. 邻二醇的特性反应

两个羟基处在相邻两个碳原子上的多元醇能与新制的氢氧化铜反应,生成深蓝色的铜盐溶液(彩图 3-2)。利用此反应特性可鉴别具有邻二醇结构的化合物。例如,丙三醇的相关化学反应式为

$$CuSO_4 + 2NaOH = Na_2SO_4 + Cu(OH)_2\downarrow$$

$$\begin{matrix} CH_2-OH \\ | \\ CH-OH \\ | \\ CH_2-OH \end{matrix} + Cu(OH)_2 \longrightarrow \begin{matrix} CH_2-O \\ | \\ CH-O \\ | \\ CH_2-OH \end{matrix}\!\!\Big\rangle Cu + 2H_2O$$

┃即时练┃

用化学方法区别丙三醇和乙醇。

(三) 常见醇类化合物

1. 甲醇

甲醇(CH_3OH)俗称木醇或木精,因为最初是由木材干馏得到。

甲醇为无色透明、易挥发、易燃液体,具有类似乙醇的气味,沸点为 65.0℃。甲醇能与水和大多数有机溶剂混溶,是实验室常用的溶剂,也是重要的药物生产原料。甲醇毒性很

强,若长期接触甲醇蒸气,可使视力下降;若误饮少量(10mL)可致人失明,多量(30mL)可致死。这是由于甲醇进入体内,很快被肝脏的脱氢酶氧化成甲醛,甲醛不能被人体利用,却能凝固蛋白质,损伤视网膜;甲醇在体内的氧化和排泄都很缓慢,其氧化产物甲醛和甲酸又能抑制体内某些氧化酶系统,使有氧氧化出现障碍,于是体内产生的乳酸和其他酸积聚,不能被机体很快代谢而潴留于血中,引起 pH 下降,导致发生酸中毒而致命。一些不法分子大量制造假酒导致消费者受害的事件中,其中起主要作用的就是甲醇。

甲醇是药物提取的重要有机溶剂之一,鉴于甲醇的毒副作用,在提取药物之后,必须将甲醇清理干净,以免毒害患者。

2. 乙醇

乙醇(C_2H_5OH)为无色透明、易挥发、易燃液体,有特殊香味,毒性小,比水轻,能与水和大多数有机溶剂混溶。乙醇俗称酒精,是饮用酒(白酒、黄酒、啤酒)的主要成分。

链 接

医学中的乙醇

乙醇可使蛋白质脱水变性凝固,具有杀菌作用,临床上常用 75% 的乙醇溶液作消毒剂,用于皮肤和器械的消毒。当使用一段时间后,如果乙醇挥发或稀释,含量降到 65% 以下,就及时补加 95% 的药用酒精,使含量达到 75% 后方可继续使用。但浓度过高的乙醇溶液却不能起消毒作用,这是因为乙醇会使细菌表面的蛋白质凝固,形成一层硬膜,阻止乙醇进一步渗入细菌体内而不能杀死细菌。

乙醇也常用作溶剂,用来溶解某些难溶于水的物质。例如,碘酊(俗称碘酒)就是将碘和碘化钾(作助溶剂)溶于乙醇而成。若将易挥发药物溶于乙醇中称醑剂,如薄荷醑等。乙醇也用于制取中草药浸膏及提取中草药有效成分等。利用乙醇挥发时能吸收热量这一性质,临床用含量为 25% ~50% 的乙醇溶液给高热患者擦浴,以达到物理退热、降温的目的;其中 50% 的乙醇溶液还可用于预防褥疮。

3. 丙三醇

丙三醇( )俗称甘油,为无色黏稠状液体,带有甜味。能与水、乙醇以任意比例混溶,有很强的吸湿性,能刺激皮肤,所以润肤使用时,一般先用适量水稀释。甘油与新制的氢氧化铜作用,生成蓝色的甘油铜。甘油的用途非常广泛。医药上常用作溶剂,如酚甘油、碘甘油等;临床上对便秘患者,常用甘油栓剂或 50% 的甘油溶液灌肠。甘油也是一种润滑剂,具有良好的保湿性,所以对皮肤病的护理也有较好的疗效。

案例 3-2

医学中的甘油

"百雀羚"是中国的著名化妆品,其各种润肤产品中大多含有"甘油"。在寒冷或干燥的季节,人们皮肤干燥,常常在皮肤上涂搽含有甘油的化妆品,以保持皮肤湿润。

问题:1. 甘油在医学上的应用有哪些?

2. 甘油分子中有几个羟基? 甘油分子的学名是什么? 写出甘油的分子结构简式。

4. 苯甲醇

苯甲醇()又称苄醇,是最简单的芳香醇。

苯甲醇为无色液体,具有芳香气味,微溶于水,可与乙醇或乙醚混溶。苯甲醇具有微弱的麻醉作用和防腐功能,常用于局部止痛及制剂的防腐,有溶血作用,对肌肉有刺激性,若反复进行肌肉注射,可引起臀肌挛缩症,因此禁用于儿童肌肉注射。

案例 3-3

苯甲醇的危害

在西北某县一个 2000 余人的村庄里,曾经有患有臀肌挛缩症的孩子不下 50 例。这些孩子走路形如鸭步,跑步如跳舞,而且难以下蹲,无法翘"二郎腿"。经流行病学调查,发现这些小患者曾多次甚至长时间注射以苯甲醇为溶剂的青霉素。一个村子出现如此之多的臀肌挛缩症患儿,在全国也极为罕见。该村卫生院自 1995 年基本上停止使用苯甲醇后,患此病的人已经极为少见。

问题:1. 苯甲醇为何曾被用作青霉素注射的溶剂?

2. 苯甲醇的别名是什么? 写出苯甲醇的结构式。

5. 甘露醇

甘露醇()又名己六醇,为白色结晶性粉末,具有甜味,易溶于水。它广泛分布于植物中,许多蔬菜及果实中都含有。

链 接

渗透性利尿药——甘露醇

甘露醇在临床上用作渗透性利尿药,一般用 20% 的溶液以产生血液的高渗作用,可以使脑实质及周围组织脱水,而水则随药物从尿中排出,从而降低颅内压,以消除水肿。

6. 肌醇

肌醇()又名环己六醇,为白色结晶性粉末,易溶于水。肌醇存在于动物的肌肉中,所以称为"肌醇",在一些植物和人体的脑、胃、肾、脾、肝等组织中均存在,也是人体不可缺少的成分之一。

链 接

肌醇的生物作用

肌醇是某些酵母生长所必需的营养素,也与体内蛋白质的合成、二氧化碳的固定和氨基酸的转移过程有关。它能促进肝和其他组织中的脂肪代谢,也能降低血脂,可作为肝炎的辅助治疗药物,常用以治疗脂肪肝。肌醇也可作为造药中间体,用来合成烟酸肌醇酯、脉通等。肌醇是一种生物活素,是生物体中不可缺少的成分。高等动物若缺少肌醇,会出现生长停滞,毛发脱落,体内生理活动失去平衡等症状。

二、 酚类有机化合物

（一）酚的结构、分类和命名

案例 3-4

苯酚的药用

1859 年,利斯特任外科医生时,一直密切观察患者伤口的愈合情况,发现患者死亡总是在开刀之后发生,而那些虽骨头断裂而皮肤完整的患者一般皆会病愈,他设想伤口的腐败溃烂一定是来自空气的感染,可能是花粉样的微尘。

利斯特选用苯酚作消毒剂进行临床实验。1865 年 8 月 12 日,他给一个断腿患者做手术,手术前对手术室内的环境、器械、用品以及医生的双手均用苯酚溶液进行消毒,手术后对患者创口消毒,再用消毒后的纱布绷带仔细包扎,以后患者每次换药也要消毒,这种方法使手术后患者的死亡率从 45% 下降到 15%。

问题:1. 什么是苯酚? 医院里应该如何保存苯酚? 为什么?

2. 利斯特将苯酚用在外科手术上,是采用了苯酚的什么特性?

1. 酚的结构特征

酚可以看作是芳香烃分子中芳环上的氢原子被羟基取代后生成的化合物。酚与芳香醇都是芳香烃的羟基衍生物。二者的区别就在于酚中的羟基直接连在苯环上,而芳香醇中的羟基则与芳香环的侧链上饱和碳原子相连。酚中的羟基称为酚羟基,是酚的官能团。

羟基与芳香环连接属于酚　　　羟基与芳香环的侧链连接属于(芳香)醇

一般用 Ar—代表芳香基,酚的结构通式为 Ar—OH。

2. 酚的分类和命名

1) 酚的分类:根据分子中芳香环上酚羟基的数目多少可分为一元酚和多元酚。含有两个或两个以上酚羟基的酚统称为多元酚;根据芳香基的不同可分为苯酚、萘酚等。

2) 酚的命名:命名一元酚时,通常是在芳香环名称的后面加上"酚"字,若有取代基,把苯酚作为母体,再冠以取代基的位次、数目和名称(也可用邻、间、对等标明酚羟基的相对位置);命名多元酚时,母体称为"苯二酚""苯三酚"等,用阿拉伯数字或用"邻"、"间"、"对"、"连"、"偏"、"均"等标明酚羟基的相对位置。

一元酚:

苯酚　　　　　　邻甲苯酚　　　　　　对甲苯酚　　　　　　邻硝基苯酚
　　　　　　　　(2-甲基苯酚)　　　　(4-甲基苯酚)　　　　(2-硝基苯酚)

多元酚：

间苯二酚
(1,3-苯二酚)

对苯二酚
(1,4-苯二酚)

连苯三酚
(1,2,3-苯三酚)

苯酚和 α-萘酚：

苯酚

α-萘酚

（二）酚的理化性质

【物理性质】 除少数烷基酚是液体外,大部分酚类都是无色固体。酚具有特殊的气味,多数的酚无色,但由于酚易被空气氧化,所以常带有不同程度的红色。一元酚微溶于水,能溶于乙醇、乙醚等有机溶剂,多元酚在水中的溶解度随羟基数目的增多而增大。

【化学性质】 酚的官能团是酚羟基,而且酚中含有苯环,因此其化学性质主要由酚羟基和苯环决定：

脱氢,显酸性

易被氧化为双键

苯环上的邻、对位
易发生取代反应

1. 弱酸性

酚具有比醇更强的酸性,酚可以与强碱(如氢氧化钠、氢氧化钾等)起中和反应,生成可溶于水的酚盐。

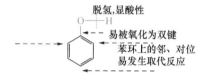

苯酚(浑浊)　　　　　苯酚钠(澄清)

按图 3-2 所示进行实验操作,苯酚在水中微溶,与水形成乳浊液呈浑浊状(彩图 3-3),在溶液中加入氢氧化钠溶液,溶液变澄清(彩图 3-4),说明二者发生反应生成了可溶于水的苯酚钠;据此可区别难溶于水的醇和酚。

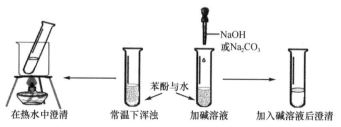

在热水中澄清　　常温下浑浊　　加碱溶液　　加入碱溶液后澄清

图 3-2　苯酚的酸性与溶解性

但苯酚的酸性比碳酸弱,因此,苯酚只能和强碱生成盐,而不能和 $NaHCO_3$ 作用,所以不溶于 $NaHCO_3$,也不能使石蕊试液变色。若在苯酚钠的水溶液中通入二氧化碳,苯酚也可被游离出来而使溶液浑浊,利用酚这一性质可进行分离提纯。

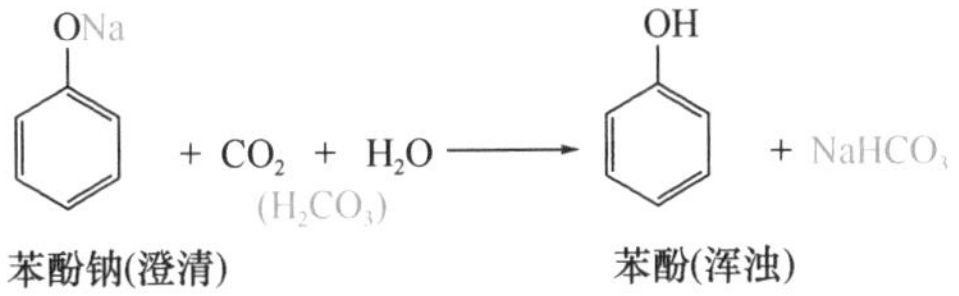

苯酚钠(澄清)　　　　　　苯酚(浑浊)

|即时练|

根据所学知识,判断苯酚、碳酸和碳酸氢钠溶液的酸性强弱。

2. 显色反应

含有酚羟基的化合物大多数都和三氯化铁溶液发生显色反应,利用此反应可以鉴别酚。例如,苯酚与三氯化铁作用显紫色(彩图3-5),邻苯二酚与三氯化铁作用显绿色等。

3. 取代反应

酚分子中苯环上的氢原子容易发生取代反应。例如,在不需要加热,也不用催化剂的情况下,苯酚溶液和溴水反应,立即生成 2,4,6-三溴苯酚白色沉淀。

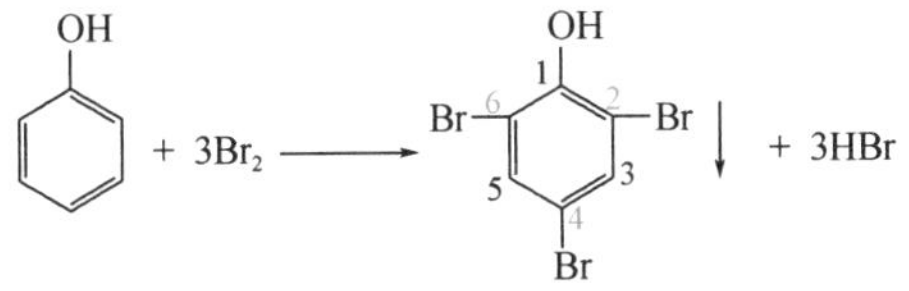

|即时练|

下列可以用于区别苯酚和苯甲醇的试剂有哪些?
①三氯化铝　②三氯化铁　③溴水　④高锰酸钾

4. 氧化反应

酚类很容易被氧化,苯酚在空气中能被氧化成粉红色、红色或暗红色。若在强氧化剂(重铬酸钾和硫酸)作用下,苯酚可被氧化成对苯醌。

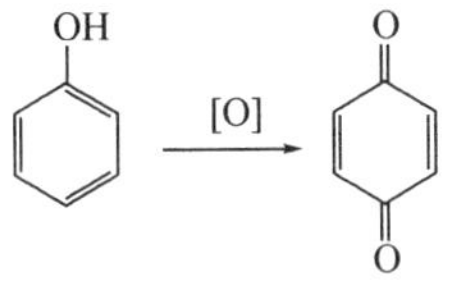

由于酚类容易被氧化,所以在保存酚以及含有酚羟基的药物时,应避免与空气接触,必要时需加抗氧剂。

|即时练|

茶多酚是茶叶中的成分之一。试说明茶水放置在空气中,为什么会逐渐转变为红色?

（三）常见酚类化合物

1. 苯酚

苯酚(⬡—OH)简称酚,俗称石炭酸,存在于煤焦油中。纯净的苯酚为无色针状结晶或白色结晶,具有特殊气味,熔点为 40.85℃（超纯,含杂质时熔点提高）,沸点为 181.9℃。常温下微溶于水(1g 溶于约 15mL 水),65℃可以与水任意混溶;易溶于醇、氯仿、乙醚、丙三醇、苯等有机溶剂;几乎不溶于石油醚。苯酚水溶液的 pH 约为 6.0。

苯酚易被氧化,在空气中能慢慢被氧化成粉红色、红色或暗红色,遇碱变色更快。若与强氧化剂(如重铬酸钾、高锰酸钾等)反应,则被氧化成苯醌。因此,应装于棕色瓶中避光保存。

苯酚能凝固蛋白质,具有杀菌作用,在医药上曾用作消毒剂和防腐剂。苯酚有毒,对皮肤、黏膜有强烈的腐蚀作用,可通过皮肤吸收进入人体引起中毒,也可抑制中枢神经系统或损害肝、肾功能。

苯酚是有机合成的重要原料,用于制造塑料、药物、农药、染料等。

2. 甲苯酚

甲苯酚俗称煤酚,存在于煤焦油中,通常有邻、间、对甲苯酚三种异构体。

邻甲苯酚　　　　　间甲苯酚　　　　　对甲苯酚

由于这三种异构体的沸点接近,不易分离,实际常使用其混合物,称为煤酚。

煤酚的杀菌能力比苯酚强,因为它难溶于水,能溶于肥皂溶液,所以常配成 47%～53% 的肥皂溶液,称为煤酚皂溶液,俗称来苏儿,临用时加水稀释,常用于消毒皮肤、器具及患者排泄物。

3. 苯二酚

苯二酚有邻、间、对三种异构体,均为无色结晶体,溶于乙醇、乙醚。邻苯二酚俗称儿茶酚,间苯二酚俗称雷锁辛,对苯二酚俗称氢醌。

邻苯二酚　　　　　间苯二酚　　　　　对苯二酚

链 接

医药中的苯二酚

间苯二酚用于合成染料、酚醛树脂、胶黏剂、药物等,医药上用作消毒剂,刺激性小,强度仅为苯酚的三分之一。其 2%～10% 的油膏及洗剂可治疗皮肤病,如湿疹、癣症等。对苯二酚具有还原性,可用作显影剂。邻苯二酚常以结合态存在于自然界中,它最初是由干馏儿茶酚得到的,所以俗名为儿茶酚。

在生物体内,苯二酚以衍生物形式存在,邻苯二酚的一个重要衍生物为肾上腺素。它既有氨基又有酚羟基,显两性,既溶于酸也溶于碱,微溶于水及乙醇,不溶于乙醚、氯仿等,在中性、碱性条件下不稳定。医药上用其盐酸盐,有加速心脏跳动、收缩血管、增加血压、放大瞳孔的作用,也有使肝糖分解增加血糖的含量以及使支气管平滑肌松弛的作用。一般用于支气管哮喘、过敏性休克及其他过敏性反应的急救。

在人体代谢中,从蛋白质得到的有邻苯二酚结构的中间物质(如3,4-二羟基苯丙氨酸,又名多巴),其氧化得到黑色素,是赋予皮肤、眼睛、头发以黑色的物质。

具有醌式结构的辅酶 Q(多取代的对苯二酚)广泛存在于细胞中,参与生命过程中的电荷转移,促进脂肪溶解。

三、 醚类有机化合物

 案例 3-5

麻醉剂——乙醚

伦敦大学医院著名的外科医生李斯特第一次用乙醚麻醉患者做外科手术,给一个患者截去下肢。患者被乙醚麻醉后,李斯特迅速在患者的大腿上动手切割,几分钟后,患者坐起来问:"你们准备什么时候开始?我不准备做这个手术了。"当他看到放在地上已被切下来的大腿时,不禁大哭。李斯特手术的成功震动了整个英国。

问题:1. 医院里乙醚应如何保存?写出乙醚的分子结构简式。

2. 李斯特将乙醚麻醉剂用在外科手术上,是采用了乙醚的什么特性?

(一) 醚的结构、分类和命名

1. 醚的结构

两个烃基通过氧原子连接起来的化合物称为**醚**。醚也可以看作是醇或酚羟基上的氢原子被烃基取代的化合物。其通式为

$$(Ar)R—O—R'(Ar')$$

式中两个烃基可以相同,也可以不同。醚中的(C)—O—(C)键俗称醚键,是醚的官能团。

2. 醚的分类

醚分子中与氧原子相连的烃基可以是脂肪烃基、脂环烃基或芳香烃基。根据烃基的结构或方式不同,醚可分为饱和醚、不饱和醚和芳香醚。醚结构中两个相同的烃基通过氧原子连接起来称为简单醚,两个不同的烃基通过氧原子连接起来称为混合醚。

3. 醚的命名

单醚命名较简单,以醚作为母体,一般只要写出与氧相连的烃基名称,再加上"醚"字即可,表示两个相同烃基的"二"字可以省略不写,称为"某醚";命名混醚时,是将小的烃基写在前面,大的烃基写在后面,最后加上"醚"字,"基"字可以省略,混醚名称烃基中有一个芳香烃基时,芳香烃基写在前;环醚的命名,一般称为环氧某烃,如果环较大时,习惯按杂环化合物命名,小环以"环氧"为词头,烃作为母体;对于结构较复杂的醚,通常采用系统命名法进行命名,即选择最长碳链为主链,含氧的较小碳链作为取代基,称为烃氧基(R—O—)。

饱和醚：

$$CH_3\!-\!O\!-\!C_3H_7\text{（混醚）} \qquad CH_3CH_2\!-\!O\!-\!CH_2CH_3\text{（单醚）}$$

不饱和醚：

$$CH_3\!-\!O\!-\!CH\!=\!CH_2\text{（混醚）} \qquad H_2C\!=\!CH\!-\!O\!-\!CH\!=\!CH_2\text{（单醚）}$$

芳香醚：

（混醚）   （单醚）

单醚：

$$CH_2\!-\!O\!-\!CH_3 \qquad C_2H_5\!-\!O\!-\!C_2H_5$$

甲醚   乙醚   二苯醚

混醚：

$$CH_3\!-\!O\!-\!C_2H_5 \qquad C_2H_5\!-\!O\!-\!C_3H_7 \qquad$$

甲乙醚   乙丙醚   苯甲醚

环醚：

$$H_2C\!-\!CH_2 \qquad H_2C\!-\!CH\!-\!CH_3$$

环氧乙烷   1,2-环氧丙烷   1,4-环氧丁烷

复杂的醚：

$$CH_3CHCH_2CH_3 \qquad CH_2\!-\!CH\!=\!CH_2$$
$$\ \ \ \ \ \ OCH_3 \qquad\qquad\ \ \ OC_2H_5$$

2-甲氧基戊烷   3-乙氧基戊烷

（二）醚的性质

【物理性质】 除甲醚是气体外,大多数醚在常温下是无色液体,有特殊气味;醚的沸点比与它同分异构的醇低得多;且有一定的水溶性;由于醚不活泼,因此是良好的有机溶剂,常用作溶剂的醚有乙醚、四氢呋喃等。

【化学性质】 低级醚长期与空气接触,α-碳氢键被氧化,慢慢生成有机过氧化物。过氧化物不稳定,遇热分解,容易发生爆炸,因此,醚类应尽量避免暴露在空气中,一般应保留在深色玻璃瓶中,也可加入抗氧剂(如对苯二酚)防止过氧化物氧化。

（三）乙醚

乙醚是无色透明的液体,微溶于水,能溶解多种有机化合物,是一种常用的良好有机溶剂。乙醚的结构简式如下：

$$CH_3CH_2\!-\!O\!-\!CH_2CH_3$$

乙醚与空气长期接触后,易被氧化生成过氧化乙醚,过氧化乙醚非常容易分解爆炸。因此,使用乙醚时要特别小心,储存乙醚时,应放在棕色瓶中,并加入铁丝等以防止过氧化乙醚的生成。蒸馏放置过久的乙醚时,要先检验是否有过氧化物存在,且不要蒸干。

乙醚有麻醉作用,曾用作外科手术的麻醉剂,但由于乙醚麻醉起效慢,可引起恶心、呕吐等副作用,现已被其他更高效、更安全的麻醉药所代替。例如,安氟醚和脱氟醚等作为新型全身麻醉剂被广泛用于临床。

目 标 检 测

一、自我小结填空

项目	内容
醇	官能团:_____;醇的结构通式:_____
酚	官能团:_____;酚的结构通式:_____
醚	官能团:_____;醚的结构通式:_____
醇的化学性质	乙醇和金属钠反应生成_____; 醇与无机酸脱水生成_____; 乙醇在浓硫酸中,140℃条件下发生_____脱水,生成_____; 乙醇在浓硫酸中,170℃条件下_____脱水,生成_____; 伯醇氧化生成_____;如乙醇氧化生成_____; 仲醇氧化生成_____;如2-丙醇氧化生成_____; 邻二醇的特色反应:两个羟基处在相邻两个碳原子上的多元醇,与新制的氢氧化铜反应生成_____色的铜盐溶液,如_____
酚的化学性质	酚具有弱酸性,如:⬡—OH + NaOH ⟶ _____; 酚的酸性比碳酸的酸性_____; $FeCl_3$可以与酚发生显色反应:遇苯酚显_____色,遇邻苯二酚显_____色; 苯环上的取代反应:⬡OH + Br₂ ⟶ ____色沉淀; 酚可以被氧化剂氧化生成_____色的_____类物质
醚的化学性质	醚在空气中可以被氧化为_____,易分解爆炸;储存乙醚时,应放在_____瓶中,并加入_____等以防止过氧化乙醚的生成
重要的名词	氧化反应:_____; 还原反应:_____; 酯化反应:_____

二、写出下列各化合物的结构简式

1. 2,3-二甲基-2-己醇   2. 2,4,6—三溴苯酚
3. 酒精   4. 甘油   5. 苯酚   6. 苄醇
7. 苯甲醚   8. 间甲苯酚   9. 2-苯乙醇

4. CH_2—OH
   CH—OH
   CH_3

5. CH_3O—CH_2—CH_3

6. ⬡—O—CH_2CH_3

三、标出下列物质的官能团,并用系统命名法给下列物质命名

1. HO⬡OH (with OH)
2. ⬡OH—CH_3
3. CH_3—CH—CH—CH_2—OH (with CH₃ groups)

四、选择题

1. 能与新制 $Cu(OH)_2$ 作用生成深蓝色溶液的是( )。
   A. 乙醇   B. 甲乙醚
   C. 丙三醇   D. 苯酚

2. 下列物质中酸性最弱的是( )。
   A. 乙酸   B. 盐酸

C. 碳酸　　　　D. 苯酚

3. 判断下列化合物,哪种属于醇( )。

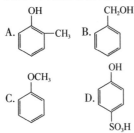

4. 上题中,属于醚类的物质是( )。

5. 下列有机化合物中与乙醇互为同系物的是( )。

    A. 丁醇　　　　B. 甲醚

    C. 甘油　　　　D. 邻甲苯酚

6. 下列有机化合物不是醇类的是( )。

    A. 脂肪烃分子中的氢原子被羟基取代后的化合物

    B. 芳香环上的氢原子被羟基取代后的化合物

    C. 芳香环侧链上的氢原子被羟基取代后的化合物

    D. 脂环烃分子中的氢原子被羟基取代后的化合物

7. 下列溶液不能与碳酸氢钠反应,产生二氧化碳的是( )。

    A. 硫酸　　　　B. 乙酸

    C. 苯酚　　　　D. 盐酸

8. 临床上用作消毒的酒精,其乙醇的含量是( )。

    A. 75%　　　　B. 35%

    C. 95%　　　　D. 60%

9. 禁用工业酒精配制饮料酒,是因为工业酒精中含有( )。

    A. 甲醇　　　　B. 乙醇

    C. 丙醇　　　　D. 丙三醇

10. 关于乙醚的描述,不正确的是( )。

    A. 在医疗中用于麻醉

    B. 不可以暴露在空气中

    C. 避光保存

    D. 与乙醇是同分异构体

五、填空题

1. 乙醇俗称_____,它与_____互为同分异构体。

2. 醇和酚分子中都含有羟基,但在醇分子中羟基连在_____,而在酚分子中羟基直接连在_____。

3. 丙三醇俗称_____,它能和_____作用生成_____色的甘油铜,此反应可用于区别_____和_____。

4. 临床上用于外用消毒的酒精浓度为_____,用于高烧患者擦浴的浓度为_____。

5. 苯酚俗称_____。苯酚钠溶液中通入 CO_2 气体,变浑浊的化学方程式_____,这一反应说明苯酚的酸性较碳酸_____(填强或弱)。

6. 用 $FeCl_3$ 一种试剂可以把苯酚、乙醇、氢氧化钠、硫氰化钾四种物质鉴别开来,其反应现象分别是①_____,②_____,③_____,④_____。

7. 饱和一元醇分子内脱水生成_____,分子间脱水生成_____。

8. 苯酚遇溴水出现_____现象。这一反应属于_____反应类型,可用于_____。

9. 苯二酚共有_____种同分异构体。其中俗名为儿茶酚的是_____,俗名为雷锁辛的是_____,俗名为氢醌的是_____。

六、完成下列化学反应式

1. $CH_3CH_2CH_2OH + Na \longrightarrow$

2. ONa $+ CO_2 + H_2O \longrightarrow$

3. OH $+ Br_2 \longrightarrow$

4. $CH_3CH_2OH \xrightarrow[浓硫酸]{170℃}$

七、用化学方法区别下列有机化合物

1. 苯酚、乙醇和乙烯

2. 乙醇、丙三醇、苯酚

八、简答题

1. 写出苯二酚的所有同分异构体,并用系统命名法命名。

2. 写出分子式为 $C_4H_{10}O$ 的所有同分异构体,并用系统命名法命名。

3. 为何临床上用75%的酒精,而不用95%的药用酒精作消毒剂?

第2节　醛和酮类有机化合物

醛和酮是醇的氧化产物,也是烃的含氧衍生物,它们的分子中都含有碳氧双键,即**羰基**( ),统称为**羰基化合物**。醛和酮在自然界分布很广泛,可以用作溶剂、香料及制药的原材料。许多生物代谢反应都含有醛和酮或其衍生物类物质,对医药及生命科学具有重要意义。

案例3-6

甲　醛

2004 年 8 月,林先生夫妇和 4 岁的女儿搬进新房,不到 10 个月,孩子就被发现得了急性白血病,两个多月后,不治身亡。这是我国首例因新房装修造成甲醛超标致人死亡案件。

问题:1. 什么是甲醛? 什么是醛类有机化合物? 它的官能团是什么?

2. 甲醛除了能致人生病,它的用途有哪些?

3. 什么是福尔马林?

一、　醛和酮的结构特征

观察图 3-3 乙醛和丙酮的球棍式结构,根据球棍式结构写出它们的结构式和结构简式:

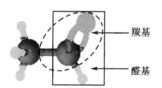

图3-3　乙醛、丙酮分子球棍式结构

| 乙醛分子的结构式 | 乙醛分子的结构简式 | 丙酮分子的结构式 | 丙酮分子的结构简式 |

乙醛分子的结构式：
H—C—C—H （含 H、O）

乙醛分子的结构简式：CH_3CHO

丙酮分子的结构式

丙酮分子的结构简式：$CH_3—C—CH_3$

如果将乙醛或丙酮分子中的甲基用烃基替换,得到醛类和酮类的结构通式:

$$(Ar)R—C—H \qquad (Ar)R_1—C—R_2(Ar)$$

醛的官能团是**醛基** $\overset{O}{\underset{}{\|}}$ （或 —CHO）,醛基是羰基与氢原子相连的基团;总是位于分子的两端。由醛基和烃基(或氢原子)组成的化合物称为**醛**。

酮的官能团是**酮基** （或 —CO—）。羰基($\overset{O}{\underset{}{\|}}$)与两个烃基相连,则称为酮基。酮基与两个烃基相连的化合物称为酮。

从醛、酮的结构式可以看出,醛分子中的醛基一定连在碳链的首端,酮分子中的酮基则连在两个烃基之间。

二、 醛和酮的分类和命名

(一) 分类

醛和酮有多种分类方式,常见的是根据烃基的不同分为脂肪醛、酮,芳香醛、酮,脂环醛、酮。根据羰基数目还可分为一元醛、酮和多元醛、酮。

(二) 命名

结构简单的醛的普通命名法与醇相似,直接在"醛"前加上烃基的名称,如甲醛、乙醛等。

脂肪醛、酮的系统命名与醇的命名方法相似:选择分子中含羰基的最长碳链为**主链**;并从靠近羰基的最近端开始给**主链碳原子编号**(醛从醛基开始编号,由于醛基总是在碳链首端,不需标出醛基位次;酮基在碳链的中间某个位置,位次必须标明);将主链上的取代基的位置、数目、名称写在醛、酮的前面,并分别用"-"将它们隔开。

芳香醛、酮以脂肪醛、酮为母体,芳香烃基作为取代基来命名。

脂环酮命名,是以环为母体,根据环的碳原子数目,称为"环某酮"。

例如:

	醛		酮
脂肪族类	HCHO	CH₃—CHO	CH₃—C—CH₃ (=O)
	甲醛	乙醛	丙酮
	CH₃—CH—CH₂—CHO（CH₃）		CH₃—CH—C—CH₃
	3-甲基丁醛		3-甲基-2-丁酮
脂环族类	环己基甲醛（脂环醛）		环己酮
芳香族类	苯甲醛		1-苯基-2-丙酮
多元醛酮类	丁二醛		2,4-戊二酮

酮也可以采用普通命名法按照羰基所连接的两个烃基命名,如把丁酮称为甲乙酮,把3-戊酮称为二乙酮,一般用于简单的低级酮。

此外,醛、酮还可根据它最初的来源或它氧化后所生成酸的俗名来命名,如蚁醛、醋醛、月桂醛、硬脂醛等。

①写出下列化合物的名称。

$$CH_3-CH_2-CHO \qquad CH_3-\overset{\overset{\displaystyle O}{\|}}{C}-\underset{\underset{\displaystyle CH_3}{|}}{CH}-CH_2-CH_2-CH_3$$

②根据名称写出下列化合物的结构简式。

甲醛 丁醛 苯乙醛

2-丁酮 苯乙酮

三、 醛和酮的理化性质

【物理性质】 常温下,甲醛为气体,其余醛、酮都为液体或固体。醛、酮的沸点高于相对分子质量相近的烷烃和醚,比相应的醇低。大多数醛、酮微溶或不溶于水而溶于有机溶剂。

低级醛具有强烈刺激性气味,中级($C_8 \sim C_{13}$)醛、酮在较低浓度时往往有香味,可用于化妆品或食品工业。

【化学性质】 醛、酮虽然是两类不同的化合物,但它们分子中也有共同的结构特征,醛、酮分子中都含有羰基,所以它们具有相似的化学性质,主要表现为加成反应、氧化还原反应。但醛、酮的结构并不完全相同,醛基中的羰基与氢原子相连,而酮基则没有和氢原子相连。因此,醛和酮的化学性质又存在明显的差异。例如,醛的化学性质比酮活泼得多,一些醛能发生的反应,酮往往较困难甚至不能发生。

(一)醛和酮的相似反应

1. 加成反应

醛和酮的官能团中多含有羰基,与烯烃相似,双键中的 π 键容易破裂,发生加成反应。

(1)与醇加成

在干燥氯化氢的作用下,醇可与醛中的羰基加成生成半缩醛,分子中同时产生半缩醛羟基。

$$CH_3-\overset{\overset{\displaystyle H}{|}}{C}=O + H-O-CH_3 \underset{}{\overset{\text{干燥HCl}}{\rightleftharpoons}} CH_3-\overset{\overset{\displaystyle H}{|}}{\underset{\underset{\displaystyle O-CH_3}{|}}{C}}-OH \quad \text{半缩醛羟基}$$

半缩醛羟基一般较活泼,在相同条件下,过量的醇与半缩醛进一步反应,失去一分子水生成较稳定的缩醛。

$$CH_3-\overset{\overset{\displaystyle H}{|}}{\underset{\underset{\displaystyle O-CH_3}{|}}{C}}-OH + H-O-CH_3 \overset{\text{干燥 HCl}}{\rightleftharpoons} CH_3-\overset{\overset{\displaystyle H}{|}}{\underset{\underset{\displaystyle O-CH_3}{|}}{C}}-O-CH_3 + H_2O$$

酮在上述条件下一般得不到半缩酮和缩酮,原因是平衡反应偏向于反应物酮的一方;在特殊装置中或特殊情况下,将生成物中的水移去,也能制得缩酮;环状的半缩醛和半缩酮较稳定,是糖类环状结构的基础。

完成下列方程式：

$$CH_3CHO+CH_3CH_2—OH \xrightarrow{\text{干燥 HCl}} \underline{\hspace{3cm}}$$

（2）与氢的加成——还原反应

与烯烃相似,在铂、钯或镍等金属催化剂作用下,应用催化加氢,醛、酮分子中羰基加氢能还原为相应的醇羟基;有机化合物分子中加入氢原子或失去氧原子的反应被称为**还原反应**。还原反应发生后,C—O 之间的化学键数目减少,这是判断还原反应的依据之一。醛加氢还原为伯醇,酮加氢还原为仲醇。这是醛和酮的相似反应。例如：

此外,醛、酮还可以被金属氢化物(如硼氢化钠、四氢铝锂)还原。

完成下列方程式,并观察反应前后反应物与生成物碳氧之间的化学键数目,判断反应类型。

① $CH_3CH_2CHO+H_2 \xrightarrow{\text{催化剂}}$

② $CH_3COCH_3+H_2 \xrightarrow{\text{催化剂}}$

（3）与氨的衍生物加成

氨的某些衍生物如 2,4-二硝基苯肼,可以与醛、酮发生加成反应,生成的晶体具有不同的熔点,呈黄色或橙红色。根据生成物的熔点或颜色可以鉴别醛、酮。乙醛与 2,4-二硝基苯肼发生化学反应的现象如彩图 3-6 所示。

葡萄糖、果糖等糖类,由于分子中含有醛基或酮基,可以与 2,4-二硝基苯肼发生反应,根据生成晶体的晶形和熔点等鉴定糖类。

案例 3-7

麝 香

麝香是一种名贵的药材和香料,用于医药、化妆品和饰品等。它是从生长在我国西部地区四川、云南、西藏等地的一种麝鹿的肚脐下的腺囊中得到的。

麝香的主要成分的结构式为：

$$CH_3—HC—CH_2—C=O$$
$$(CH_2)_{12}$$

问题:1. 麝香属于哪类有机化合物? 它的官能团是什么? 还有哪些香料属于这类化合物?

2. 说出用化学方法鉴别真假麝香的方法。

2. 碘仿反应

乙醛和甲基酮具有共同的结构特点,即甲基与羰基相连接。结构如下：

$$CH_3—\overset{O}{\overset{\|}{C}}—H \qquad CH_3—\overset{O}{\overset{\|}{C}}—R$$

用碘的氢氧化钠溶液(混合后生成次碘酸钠,具有氧化性)与这种结构的醛、酮混合,可以发生碘仿反应,醛、酮结构中的甲基与碘生成碘仿(CHI_3)。碘仿是不溶于水的黄色固体,很容易观察,常用于乙醛和甲基酮的鉴定。碘仿在水溶液中的现象如彩图3-7所示。

由于醇可以被次碘酸氧化为相应结构的醛、酮,继而发生碘仿反应,因此具有

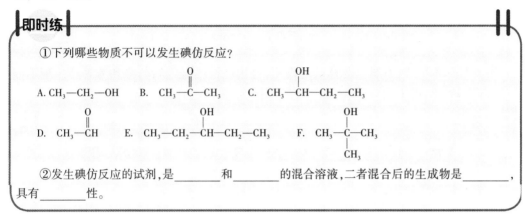

结构的醇也能够与碘的氢氧化钠溶液发生碘仿反应。

即时练

①下列哪些物质不可以发生碘仿反应?

A. CH_3—CH_2—OH　　B. CH_3—$\overset{O}{\overset{||}{C}}$—$CH_3$　　C. CH_3—$\overset{OH}{\overset{|}{CH}}$—$CH_2$—$CH_3$

D. CH_3—$\overset{O}{\overset{||}{CH}}$　　E. CH_3—CH_2—$\overset{OH}{\overset{|}{CH}}$—$CH_2$—$CH_3$　　F. CH_3—$\overset{OH}{\underset{\overset{|}{CH_3}}{\overset{|}{C}}}$—$CH_3$

②发生碘仿反应的试剂,是_____和_____的混合溶液,二者混合后的生成物是_____,具有_____性。

3. 与强氧化剂的氧化反应

在一定条件下,醛和酮都能发生氧化反应,**它们都能被强氧化剂(如高锰酸钾、重铬酸钾等)氧化**,这是醛和酮的相似反应。

例如,乙醛可以使紫红色的酸性高锰酸钾溶液褪色,也能使红色的酸性重铬酸钾溶液褪色,后者是检测酒驾的原理。

(二) 醛和酮的不同反应

1. 与弱氧化剂的氧化反应

醛、酮虽然都能被强氧化剂氧化,但是若遇到弱氧化剂,则表现出其差异性。在醛的分子中,醛基上的氢原子较活泼,更容易被氧化——甚至一些弱氧化剂(如托伦试剂、费林试剂、班氏试剂)也能氧化醛;酮基的碳原子上没有氢原子,所以酮不能被弱氧化剂氧化,这是醛和酮不同的化学性质。常利用这一性质来区别醛和酮。通常把有机化合物能够被弱氧化剂(托伦试剂、费林试剂、班氏试剂)氧化的性质称为还原性。

(1) 银镜反应

托伦试剂是硝酸银的氨溶液,主要成分是银氨配离子($[Ag(NH_3)_2]^+$),又称为**银氨溶液**。

如图3-4所示,当托伦试剂与乙醛共热时,生成羧酸和银,银在试管内形成明亮的银镜,所以此反应称为**银镜反应**(彩图3-8)。反应式为

$$CH_3—CHO+2[Ag(NH_3)_2]OH \xrightarrow{\triangle} CH_3—COONH_4+2Ag\downarrow+3NH_3\uparrow+H_2O$$

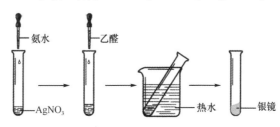

图3-4　乙醛的银镜反应

所有醛都能发生银镜反应,酮不发生此反应,因此银镜反应可用于鉴别醛、酮。

（2）与费林试剂反应

费林试剂由硫酸铜溶液（费林试剂甲）、酒石酸钾钠的氢氧化钠溶液（费林试剂乙）两种溶液组成。使用时,将两种溶液等体积混合后,形成深蓝色透明溶液,即费林试剂。费林试剂的主要成分等同于 $Cu(OH)_2$。

乙醛与费林试剂共热,$Cu(OH)_2$ 被还原为砖红色的 Cu_2O 沉淀（彩图3-9）。

$$CH_3—CHO+2Cu(OH)_2 \xrightarrow{\triangle} CH_3—COOH + \underset{砖红色}{Cu_2O\downarrow} +2H_2O$$

芳香醛如苯甲醛,不能与费林试剂作用,可用此性质区别脂肪醛和芳香醛。酮不能被费林试剂氧化,可用此性质区别脂肪醛和酮。

即时练

完成下列方程式,并通过比较产物与反应物中碳氧之间化学键的数目判断反应类型。
① $CH_3CH_2CHO+Ag[(NH_3)_2]OH \longrightarrow$
② $CH_3CH_2CHO+Cu(OH)_2 \longrightarrow$

2. 与希夫试剂反应

品红是一种红色染料,在其水溶液中通入二氧化硫,红色褪去成为无色溶液,即为**品红亚硫酸试剂**,又称为**希夫（Schiff）试剂**。醛与希夫试剂作用立即呈现紫红色（彩图3-10）,反应灵敏;酮不与希夫试剂反应。这是鉴别醛、酮的简便方法。

即时练

区别乙醛和丙酮,可以使用下列哪些化学试剂?
① 希夫试剂　② 费林试剂　③ 托伦试剂　④ 亚硝酰铁氰化钠试剂

四、常见醛和酮类化合物

（一）甲醛

甲醛（HCHO）俗称蚁醛,是最简单的醛。甲醛是一种无色、有强烈刺激性气味的气体。医药上,质量分数（w_B）为35%～40%的甲醛水溶液称为**福尔马林**（formalin）。此溶液沸点为19 ℃,所以在室温时极易挥发,随着温度的上升挥发速度加快。质量分数（w_B）为20%的甲醛溶液用于外科器械消毒,体积分数为10%的甲醛溶液用于保存动物标本和尸体。

甲醛溶液与氨水共同蒸发时,生成环六亚甲基四胺 $[(CH_2)_6N_4]$,药名为乌洛托品。乌洛托品是具有吸湿性的白色晶体,在医药上可用作尿道消毒剂,这是因为它能在人体内慢慢分解产生甲醛,由尿道排除时将细菌杀死。

甲醛易发生聚合反应,生成多聚甲醛固体。长期放置的福尔马林会产生浑浊或白色沉淀——多聚甲醛。多聚甲醛加热到160～200 ℃时,能解聚重新生成甲醛。若在甲醛中加入少量甲醇可防止甲醛聚合。

$$n\text{HCHO} \underset{解聚}{\overset{聚合}{\rightleftharpoons}} (\text{HCHO})_n$$

（二）乙醛

乙醛（CH_3CHO）是一种无色、具有刺激性气味的液体,易挥发,沸点为21 ℃,易溶于水和乙醇、乙醚等有机溶剂中。乙醛也容易发生聚合反应,生成三聚乙醛,此反应便于乙醛的保存。

 案例 3-8

水 合 氯 醛

在乙醛中通入氯气,氯原子取代乙醛分子中甲基的三个 α 氢原子而生成三氯乙醛,三氯乙醛与水加成后得到水合三氯乙醛(CCl_3—CHO·H_2O),其药名为水合氯醛。

水合氯醛为白色固体,能溶于水,有刺激性臭味。在临床上,它用于催眠和抗惊厥,多用于神经性失眠、伴有显著兴奋的精神病及破伤风痉挛、士的宁中毒等。水合氯醛不易引起蓄积中毒,但气味欠佳,且对胃有刺激性,不宜作为口服药,用灌肠法给药,药效较好。

问题:1. 请写出水合氯醛的分子结构简式。

2. 水合氯醛分子中有哪些官能团? 简单说明其化学性质。

(三) 苯甲醛

苯甲醛()是最简单的芳香醛。苯甲醛是无色有苦杏仁味的液体,沸点为 179℃;它微溶于水,易溶于乙醇和乙醚中。苯甲醛常以结合状态存在于桃、杏等水果的核仁中,又称苦杏仁精(油),是合成药物、香料、调味料等的原料。

(四) 丙酮

丙酮(CH_3—$\overset{O}{\underset{\|}{C}}$—$CH_3$)是最简单的酮,是无色、易挥发、易燃的液体,沸点为 56.5℃。它能与水、乙醇、乙醚和氯仿等混溶,并能溶解树脂、油脂等许多有机化合物,是常用的有机溶剂。

糖尿病患者由于代谢障碍,血液及尿液中的丙酮含量较高。

案例 3-9

血液中的丙酮

丙酮是体内脂肪代谢的中间产物。正常情况下,血液中丙酮的浓度很低。糖尿病患者由于代谢紊乱,体内常有过量的丙酮产生,并从尿液中排出或随呼吸呼出。临床上检查糖尿病患者血液及尿液中的丙酮,可向其中滴加亚硝酰铁氰化钠([$Na_2Fe(CN)_5NO$])溶液和氢氧化钠溶液,若有丙酮存在,尿液即呈鲜红色。

问题:1. 根据所学知识,说出检测血液中丙酮的所有方法。

2. 写出丙酮的结构简式,说出丙酮的官能团。

(五) 戊二醛

戊二醛($\overset{O}{\underset{\|}{CHCH_2}}$$CH_2CH_2\overset{O}{\underset{\|}{CH}}$)纯品为无色或浅黄色油状液体,有微弱的醛气味,沸点为 187~189℃,易溶于水和醇。戊二醛水溶液呈酸性。戊二醛在酸性条件下稳定,可长期储存,商业出售的戊二醛通常是质量分数为 2%、25%、50% 的酸性溶液。

戊二醛是近年使用较广泛的新型化学消毒剂,具有广谱高效杀菌作用。戊二醛具有对金属腐蚀性小,受有机化合物影响小等特点。消毒用的戊二醛通常为 2% 的碱性溶液。

(六) 樟脑

樟脑()是一种脂环族酮类化合物,学名为 2-莰酮。它存在于樟树中,特产于

我国。樟脑为无色半透明固体,具有特殊的芳香气味,熔点为 176～177 ℃,在常温下即挥发。它不溶于水,能溶于有机溶剂和油脂中。

樟脑在医药上用途甚广,能兴奋呼吸、血管和运动中枢,同时能兴奋心肌,挽救垂危患者。100g/L 的樟脑酒精溶液称樟脑酊,有良好止咳功效。成药清凉油、十滴水、消炎镇痛膏等均含有樟脑。樟脑也可用于驱虫防蛀。

即时练

天然的樟脑丸是由香樟树的树干、叶、根、枝提炼的樟脑制成。樟脑丸的杀虫威力比卫生球更大,而且挥发后不会在衣物上留下污迹,因此更适宜于毛织物的保管和防蛀。不过,天然樟脑丸的原料比卫生球的原料少得多,成本也较高。

萘丸的外形和气味与樟脑丸相似,但毒性较大而逐渐被禁止使用。

①用所学知识区别市面上的萘丸和樟脑丸。

②樟脑属于醛酮分类中的哪一类?

目标检测

一、自我小结填空

项目	内容
醛	结构通式:_____;醛的官能团醛基:_____
酮	结构通式:_____;酮的官能团酮基:_____
醛的化学性质	醛与醇发生加成反应,首先生成_____,继续加成则生成_____。 醛与氢气发生加氢还原,生成_____醇; 醛能被强氧化剂(如高锰酸钾)_____; 醛能被弱氧化剂(如托伦试剂)氧化,产生_____; 醛与希夫试剂作用显_____; 脂肪醛能被弱氧化剂(如费林试剂)氧化,产生_____;苯甲醛不能发生此反应
酮的化学性质	酮与醇发生加成反应,可生成_____(比醛难发生); 酮与氢气发生加氢还原,生成_____醇; 丙酮与亚硝酰铁氰化钠、氢氧化钠溶液反应生成_____色溶液
重要名词	1. 还原反应:_____; 2. 半缩醛反应:_____
重要应用	1. 醛、酮可以与2,4-二硝基苯肼反应生成_____色的_____,利用晶体的和差别,可以鉴定醛、酮等物质; 2. 具有_____结构的酮或乙醛,以及_____的醇可以与碘的氢氧化钠溶液反应生成_____色的_____; 3. 醛与酮被弱氧化剂氧化的差异性,用于区别醛和酮

二、选择题

1. 醛基和酮基具有共同的基团(　　)。

　　A. 羟基　　　　B. 醛基

　　C. 酮基　　　　D. 羰基

2. 丁酮加氢还原后生成(　　)。

A. 1-丁醇　　　　B. 异丁醇

C. 伯醇　　　　　D. 仲醇

3. 半缩醛羟基来源于(　　)。

A. 醛或酮与2,4-二硝基苯肼反应

B. 醛与醇的加成反应

C. 醛经过加氢还原后得到的羟基

D. 醛与水反应得到的产物

4. 下列不可以发生碘仿反应的是(　　)。

  A. 甲醛   B. 乙醛

  C. 乙醇   D. 丙酮

5. 能与费林试剂反应的是(　　)。

  A. 丙酮   B. 苯甲醛

  C. 苯甲醇   D. 2-甲基丙醛

6. 生物标本防腐剂"福尔马林"的成分是(　　)。

  A. 40%的甲醛水溶液

  B. 40%甲酸水溶液

  C. 40%乙醛水溶液

  D. 40%丙酮水溶液

7. 临床上检查糖尿病患者尿液中的丙酮,一般使用的试剂是(　　)。

  A. 费林试剂   B. 硫酸

  C. 希夫试剂   D. 亚硝酰铁氰化钠

8. 长期放置的福尔马林会产生浑浊或白色沉淀,这个白色沉淀是(　　)。

  A. 甲醛   B. 多聚甲醛

  C. Ag 沉淀   D. Cu_2O

9. 葡萄糖和果糖都是含有醛基或酮基的碳水化合物,若要鉴定或区别它们,最简单的方法是(　　)。

  A. 采用碘的氢氧化钠溶液鉴定

  B. 采用2,4-二硝基苯肼鉴定

  C. 采用与氢气反应鉴定

  D. 采用托伦试剂鉴定

10. 下列不可以发生碘仿反应的是(　　)。

11. 樟脑和麝香都是环酮类,鉴别它们时最好是使用(　　)。

  A. 碘的氢氧化钠溶液

  B. 2,4-二硝基苯肼

  C. 托伦试剂

  D. 希夫试剂

三、填空题

1. 羰基的碳分别与_____及氢相连的化合物称为_____。羰基与两个_____相连的化合物称为_____。

2. 在催化剂铂、钯和镍的存在下,醛可以加氢还原生成_____,酮可以加氢还原生成_____。

3. 托伦试剂的主要成分是_____,费林试剂的主要成分是_____。

4. 乙醛和丙酮溶液中分别加入下列溶液,请填写下列表格。

试剂名称	反应物质	不反应物质	反应现象
托伦试剂			
费林试剂			
希夫试剂			
亚硝酰铁氰化钠			

5. 福尔马林是指质量分数为_____的_____;甲醛溶液常用于外科手术器械的消毒;三氯乙醛的分子结构简式为_____,它与水加成后得到_____,其药名为_____;苦杏仁精中含有_____。

6. 临床上检查糖尿病患者尿液中的丙酮,可向其中滴加_____和氢氧化钠溶液,若出现_____色,表明有丙酮。戊二醛是新型的化学消毒剂,具有_____杀菌作用,它的结构简式为_____。

7. 可以发生碘仿反应的醛有:_____,可以发生碘仿反应的酮必须具有_____结构;具有_____结构的醇,也可以发生碘仿反应。

四、写出下列物质的官能团名称,并用系统命名法给下列物质命名

1. CH₃—C(CH₃)(CH₃)—CH₂—C(=O)—CH₃

2. (邻位苯环) CHO / CH₃

3. (邻位苯环) C(=O)—CH₃ / CH₃

4. CH₃—CH₂—C(=O)—CH₃

5. H₃C—C(CH₃)(CH₃)—CH₂—C(=O)—CH₃

6. CH₃—C(CH₃)(CH₃)—CH₂—CH₂—CHO

五、写出下列变化的化学反应式,并注明反应类型

1. $CH_3—CH_2—\overset{\overset{\text{O}}{\|}}{CH} +H_2 \xrightarrow{\text{Pt}}$

反应类型:_____

2. $CH_3—\overset{\overset{\text{O}}{\|}}{O}—CH_3 +H_2 \xrightarrow{\text{Pt}}$

反应类型:_____

3. $CH_3—CH_2—\overset{\overset{\text{O}}{\|}}{CH} +H—O—CH_2—CH_3 \xrightarrow{\text{干燥 HCl}}$

反应类型:_____

六、用化学方法区别下列有机化合物

1. 丙醛、丙酮

2. 乙醛、苯甲醛

第 3 节　羧酸类有机化合物

羧酸类有机化合物主要有羧酸、羟基酸和酮酸,均属于有机酸,广泛存在于自然界,并在动植物的生长、繁殖、新陈代谢等方面起着重要作用。

本节重点讨论**羧酸、羟基酸和酮酸**。

 案例 3-10

食　醋

乙酸是一种典型的羧酸类化合物,因是食醋(米醋或白醋)的主要成分,所以俗称醋酸,普通的食醋中含3%~5%的乙酸。

醋是家庭常用的酸性调味品,除能食用外,还具有非常广泛的用途。家用热水壶使用久了易结水垢,加醋可有效去除水垢;烹调时加醋,可以保护食物中的维生素 C 少受破坏,提高食品的营养价值;在吃腌菜时加点醋,既能调味又能杀菌,防止肠道传染病,降低亚硝酸盐的含量(亚硝酸盐为致癌物质)。

问题:1. 食醋的主要成分是什么?它属于哪类化合物?它的官能团是什么?写出乙酸的结构简式。

　　　2. 乙酸在医药上有何作用?

一、羧酸的结构、分类和命名

(一) 羧酸的结构

即时练

观察下图(图 3-5)乙酸的球棍式结构,根据球棍式结构,写出它的结构式和结构简式。

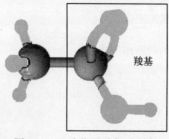

羧基

图 3-5　乙酸分子球棍式结构

羧酸是烃的含氧衍生物,即由碳、氢和氧三种元素组成,其官能团为**羧基**($-\overset{\overset{\text{O}}{\|}}{\text{C}}-\text{OH}$

或$-\text{COOH}$),可看作是烃分子中的氢原子被羧基取代而成的化合物。从结构式中可以观察出,分子中含有一个碳氧双键和一个碳氧单键。

羧酸的结构通式:

$$(\text{Ar, H})\text{R}-\overset{\overset{\text{O}}{\|}}{\text{C}}-\text{OH}$$

如果用氢原子替换烃基,可得到最简单的羧酸甲酸($\text{H}-\text{COOH}$)。

(二) 羧酸的分类

根据分子中烃基的不同,羧酸可分为脂肪酸和芳香酸,脂肪酸又可分为饱和脂肪酸和不饱和脂肪酸。根据分子中所含羧基数目不同,羧酸可分为一元酸、二元酸和多元酸。

```
                          一元酸              二元酸
          饱和脂肪酸      CH₃—COOH          HOOC—COOH
                            乙酸               乙二酸
                                            CH—COOH
    脂肪酸                                      ‖
          不饱和脂肪酸    CH₂=CHCOOH         CH—COOH
                          丙烯酸              丁烯二酸
羧酸

          芳香酸
```

苯甲酸	邻苯二甲酸

(三) 羧酸的命名

饱和一元脂肪酸的系统命名法与醛的系统命名法相似,只是将"醛"改为"羧酸"或"酸"。

主链碳原子的位次也可用希腊字母 α、β、γ 等标示,与羧基直接相连的碳原子为 α 位(相当于第二位),依次为 β 位(相当于第三位)、γ 位等。例如:

2-甲基丙酸 (α-甲基丙酸)

2-甲基丁酸 (α-甲基丁酸)

3,4-二甲戊酸 (β,γ-二甲戊酸)

不饱和一元脂肪酸的系统命名法:在以上命名基础上,标出不饱和键的位置和不饱和键的数量。例如:

$$\overset{18}{\text{CH}_3}-(\text{CH}_2)_7-\overset{10}{\text{CH}}=\overset{9}{\text{CH}}-(\text{CH}_2)_7-\overset{1}{\text{COOH}}$$

9-十八碳烯酸

即时练

①简要说明不饱和一元脂肪酸的系统命名法与饱和一元脂肪酸的系统命名法的不同之处。

②写出9,12-十八碳二烯酸的结构简式。

脂肪二元酸的命名,是选择含两个羧基在内的最长碳链为主链,命名为"某二酸"。

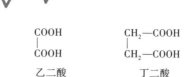

乙二酸　　　　　　　　　　　　丁二酸

芳香酸和脂环酸的命名,是把脂肪酸作为母体,把芳环或脂环看作取代基。例如:

苯甲酸　　　　　　　　　　　　苯乙酸

在俗名法中,一般是根据该酸的来源或性状而得名。例如,甲酸又称蚁酸,乙酸又称醋酸等。

二、 羧酸的理化性质

【物理性质】 甲酸、乙酸和丙酸为有强烈刺激性气味的无色液体,含 4~9 个碳原子的饱和一元羧酸是具有腐败气味的油状液体,癸酸以上为蜡状固体,二元羧酸和芳香酸都是结晶固体。低级羧酸(如甲酸、乙酸、丙酸和丁酸)可与水混溶,但其他羧酸随着相对分子质量的增大,在水中的溶解度逐渐减小。

饱和一元羧酸的沸点随着相对分子质量的增加而升高。羧酸的沸点比相对分子质量相近的醇还高。例如,甲酸与乙醇的相对分子质量相同,甲酸的沸点为 100.7℃,乙醇的沸点为 78.5℃,这是由羧酸分子间可以通过两个氢键缔合形成二聚体所致。

【化学性质】 羧酸的化学性质主要是由它的官能团羧基决定的。由于羰基和羟基相互影响,羧基表现出既不同于羰基,又不同于羟基的某些特殊性质。

(一) 酸性

在羧酸分子中,因受羰基的影响,羧基中羟基上的氢原子变得较活泼,在水溶液中能解离出部分氢离子,呈现出**弱酸性**。羧酸(如甲酸、乙酸等)可以使蓝色石蕊试纸变红。图 3-6 为乙酸与 Na_2CO_3 的反应实验操作。化学反应式如下:

$$2CH_3COOH+Na_2CO_3 \longrightarrow 2CH_3COONa+CO_2\uparrow+H_2O$$

再如:

$$R—COOH+NaOH \longrightarrow R—COONa+H_2O$$
$$R—COOH+NaHCO_3 \longrightarrow R—COONa+CO_2\uparrow+H_2O$$

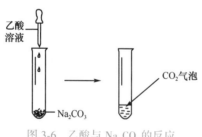

图 3-6　乙酸与 Na_2CO_3 的反应

反应中生成的羧酸钠盐和钾盐一般都溶于水。

即时练

①完成下列化学反应方程式。

$$CH_3COOH+Na_2CO_3 \longrightarrow$$

$$CH_3COOH+NaHCO_3 \longrightarrow$$

—OH + Na_2CO_3 ⟶

②比较乙酸、碳酸和苯酚的酸性强弱,如何鉴别乙酸和苯酚?

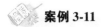 **案例 3-11**

青　霉　素

青霉素又称为苄青霉素、青霉素 G，是有机酸，不溶于水，可溶于有机溶剂（如乙酸丁酯），临床上常用其钠盐或钾盐。因其钠盐或钾盐易溶于水，制药工业中常利用此性质将水溶性差的药物转变成易溶于水的羧酸盐，以便制备注射剂。

问题： 1. 在结构式中标出青霉素含有的所有主要官能团。

2. 青霉素为什么是酸性的？医疗上为什么使用青霉素的钠盐或者钾盐？

（二）脱羧反应

羧酸分子中脱去羧基放出 CO_2 的反应，称为**脱羧反应**。羧酸分子中的羧基较稳定，在一般条件下不易脱去，但二元羧酸对热较敏感，容易发生脱羧反应。例如，乙二酸晶体加热可以脱羧，而放出 CO_2。

$$\begin{array}{c} COOH \\ | \\ COOH \end{array} \xrightarrow{\triangle} H{-}COOH + CO_2$$

人体的代谢过程中，羧酸在脱羧酶的催化下进行脱羧反应。人类和动物呼出的 CO_2 都是来自于体内的脱羧反应。

（三）酯化反应

羧基上的羟基可被其他原子或原子团代替而生成羧酸衍生物，如酰卤、酸酐、酯和酰胺，酯化反应是其中的一种。

羧酸与醇脱水生成酯的反应，称为**酯化反应**。

例如，乙酸与乙醇在催化剂浓硫酸的作用下，乙酸中的羟基被乙氧基取代，生成乙酸乙酯（图 3-7）。

$$CH_3{-}\overset{O}{\overset{||}{C}}{-}OH + H{-}O{-}CH_2{-}CH_3 \xrightarrow[\triangle]{浓H_2SO_4} CH_3{-}\overset{O}{\overset{||}{C}}{-}OCH_2CH_3 + H_2O$$

乙酸　　　　　乙醇　　　　　　　　　乙酸乙酯

酯化反应是可逆的，其逆向反应乙醇是水解反应。酯化反应的速率很慢，为加快此反应速率，通常使用浓硫酸作为催化剂并在加热的条件下进行。

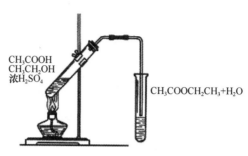

图 3-7　乙酸的酯化反应

反应通式如下：

$$R-\overset{O}{\overset{\|}{C}}-OH +R'-OH \rightleftharpoons R-\overset{O}{\overset{\|}{C}}-OR' +H_2O$$

即时练

①完成下列化学反应方程式。

$$CH_3-COOH+HO-CH_2-CH_3 \underset{加热}{\overset{浓 H_2SO_4}{\rightleftharpoons}}$$

$$CH_3CH_2-COOH+HO-CH_2-CH_3 \underset{加热}{\overset{浓 H_2SO_4}{\rightleftharpoons}}$$

②写出乙酰基和乙氧基的结构简式。

在羧酸分子中,脱掉羧基中的羟基后剩下的原子团 $R-\overset{O}{\overset{\|}{C}}$ 称为**酰基**,醇分子中去掉羟基中的氢原子剩下的原子团 R_1-O- 称为**烃氧基**。

酯的命名较简单,通常根据酰基和烃氧基的名字称为某酸某酯。

例如：

$$\underset{某酸}{\underline{R-\overset{O}{\overset{\|}{C}}}}-\underset{某酯}{\underline{O-R_1}}$$

$$\underset{乙酸}{\underline{CH_3-\overset{O}{\overset{\|}{C}}}}-\underset{甲酯}{\underline{O-CH_3}} \qquad \underset{丙酸}{\underline{CH_3-CH_2-\overset{O}{\overset{\|}{C}}}}-\underset{乙酯}{\underline{O-CH_2-CH_3}}$$

精油、水果香气和窖藏酒的酒香的主要成分是简单的酯。它们是制作饮料的原料之一。

即时练

例如,苹果中的异戊酸异戊酯,橘子中的乙酸辛酯,菠萝中的乙酸甲酯,清香型酒中的乙酸乙酯,浓香型酒中的己酸乙酯等都具有相应的香味。写出上述各物质的结构简式。

上述生成酯的反应,都是可逆反应。在酸性或者碱性条件下反应向逆方向进行,酯发生水解生成相应的羧酸和醇。

$$CH_3-\overset{O}{\overset{\|}{C}}-O-CH_2-CH_3 \overset{H^+ 或者 OH^-}{\rightleftharpoons} CH_3-\overset{O}{\overset{\|}{C}}-OH +HO-CH_2CH_3$$

在碱性条件下,产物羧酸继续与碱发生酸碱中和反应。

$$CH_3—\overset{O}{\underset{\|}{C}}—OH +NaOH \longrightarrow CH_3—\overset{O}{\underset{\|}{C}}—ONa +H_2O$$

 案例 3-12

抗疟药物——青蒿素

奎宁是在金鸡纳树上提取的抗疟疾的有效药物,自1820年之后的100多年,一直是治疗疟疾的特效药,20世纪60年代后,在东南亚及非洲地区发现了抗药性疟原虫,传统的抗疟药奎宁、氯喹等已不再有效;我国药物学家屠呦呦和她领导的团队,在植物青蒿(黄花蒿)中提取了具有强抗疟活性的青蒿素,获得2015年诺贝尔生理学或医学奖!

1978年中国科学院上海药物研究所李英等用Pd、$CaCO_3$作催化剂通过催化加氢的方式合成了氢化青蒿素,经$NaBH_4$还原得到还原青蒿素。氢化青蒿素无抗疟活性而还原青蒿素有抗疟活性,这说明青蒿素的过氧基团(—O—O—)可能具有抗疟活性。此后,李英等科学工作者对青蒿素又做了药物升级。以青蒿素为先导化合物通过化学结构的修饰来改变药物活性,合成了蒿甲醚、青蒿琥酯等药物,前者的抗疟活性是青蒿素的6倍,后者由于在水中不稳定而易分解,一般制成粉剂,使用时临时配制。

青蒿素　　　　氢化青蒿素　　　　还原青蒿素　　　　蒿甲醚　　　　青蒿琥酯

问题:1. 在青蒿素的结构中标出各种官能团。

2. 为什么说青蒿素的过氧基团可能具有抗疟活性而不是其酯基或者羧基?

3. 蒿甲醚、青蒿琥酯各有什么特点?

三、 重要的羧酸

(一) 甲酸

甲酸($H—COOH$)因其最早发现来自于蚂蚁、黄蜂等昆虫叮咬而产生的分泌物,因此俗称蚁酸。甲酸是无色液体,能与水以任意比例互溶。甲酸的结构比较特殊,它的羧基与氢原子直接相连,从结构上看,分子中既含羧基又含醛基:

$$H \underset{醛基}{\underbrace{\overset{O}{\underset{\|}{—C}}}}\underset{羧基}{\underbrace{—OH}}$$

所以甲酸表现出与它的同系物不同的一些特性。

1. 有较强的酸性

甲酸的酸性比其他饱和一元羧酸的酸性强。例如,甲酸的酸性比乙酸强。

2. 具有还原性

甲酸分子中含醛基,具有还原性。甲酸能发生银镜反应,能与费林试剂反应生成砖红色沉淀,也能使高锰酸钾溶液褪色。利用这些反应,就可以把甲酸与其他酸区别开来。

即时练

①为什么人的皮肤被蜂、蚁、毛虫蜇咬后,可以用稀氨水涂敷缓解疼痛?

②如何鉴别甲酸和乙酸?

(二) 乙酸

乙酸(CH_3COOH)俗称醋酸,为有强烈刺激性酸味的无色液体。

纯乙酸是无色带有刺激性气味的液体,熔点为 16.5℃,沸点为 118℃,能与水混溶。在室温低于熔点温度时,无水乙酸凝结成冰状固体,所以无水乙酸又称冰醋酸或者冰乙酸。

在医药上,乙酸具有杀菌作用,因此用作消毒剂和防腐剂。例如,0.5%~2% 的乙酸溶液可用于烫伤或灼伤表面的消毒;质量分数 $w(CH_3COOH)$ 为 30% 的乙酸溶液可外用治疗甲癣、鸡眼和赘疣等;在房间内熏蒸食醋,可有效预防流感及感冒。

乙酸是常用的有机溶剂,广泛应用在印染、香料、塑料、制药等工业生产中。

(三) 乙二酸

乙二酸俗称草酸($HOOC—COOH$),分子式为 $H_2C_2O_4$,为无色结晶,熔点为 189℃,易溶于水和乙醇,是最简单的二元羧酸,广泛存在于自然界的植物中。

由于乙二酸是二元酸,所以其酸性比一元酸和其他二元酸强。另外,乙二酸具有还原性,可被酸性高锰酸钾氧化生成二氧化碳和水。乙二酸中的羧基可与许多金属离子形成配位键,因此可去除铁锈和蓝墨水污迹。

乙二酸广泛存在于自然界的植物中,容易与钙离子结合生成溶解度极低的草酸钙盐。在人体中,过多的草酸钙如果不能及时排出体外,会形成结石。例如,肾结石的主要成分就是草酸钙。由于乙二酸影响体内钙质吸收,因此不宜过多摄入含乙二酸丰富的食物,如菠菜。

(四) 苯甲酸

苯甲酸()是最简单的芳香酸,因最初从安息香树脂中制得,俗称安息香酸。苯甲酸为白色鳞片状或针状结晶,熔点为 122℃,难溶于冷水,易溶于热水、乙醇和乙醚。苯甲酸及其钠盐常用作防腐剂,苯甲酸还可用作治疗癣病的外用药。

案例 3-13

化学防腐剂——苯甲酸

苯甲酸对多种微生物细胞的呼吸酶系的活性有抑制作用,对于阻碍乙酰辅酶 A 的结合反应具有较强的作用,并对微生物细胞膜有阻碍作用。因此,它既能抑制广范围微生物的繁殖,又具有良好的杀菌作用,是目前食品中较为理想的防腐剂,广泛应用于酱油、醋、果汁、果酱、罐头、果酒、汽水以及各种肉类制品中。

苯甲酸被公认为毒性最小的食品添加剂,这是因它进入人体后,能与人体内氨基乙酸化合生成马尿酸,还能与人体内的葡萄糖醛酸结合生成葡萄糖苷酸,以上两种反应的生成物随尿排出。

苯甲酸对人体的毒性表现在两个方面:第一,上述两种解毒反应都是在肝脏内进行的,对于肝功能衰弱的人即使摄取少量苯甲酸也会使病情加重;第二,两种解毒反应进行彻底所需时间较长,为 9~15h。因此,即使是健康的人,若摄入过量的苯甲酸,会造成其在人体内的积累,并加重肝脏负担,从而危害人体健康。

问题:1. 写出苯甲酸的结构简式。

2. 根据各种饮料瓶的说明书,找出有苯甲酸成分的饮料。

四、羟基酸和酮酸

羟基酸和酮酸是具有复合官能团的含氧有机化合物,分子中除了具有羧基之外,还含有羟基或者酮基。

羟基酸和酮酸是生物代谢过程中的重要有机化合物,糖、脂肪、蛋白质代谢的中间产物中有许多是羟基酸和酮酸,因此本节对生物化学的学习十分重要。

有机化合物的化学性质主要由其官能团决定,因此,羟基酸和酮酸除了具有羧酸的性质之外,还分别具有醇的性质或者酮的性质。例如,仲醇可以被氧化生成酮,酮也可以被还原生成仲醇。

(一) 羟基酸

分子中除了含有羧基之外,还含有羟基的有机化合物称为**羟基酸**。

1. 羟基酸的分类

根据羟基所连的烃基的不同进行分类。

羟基酸
- 醇酸 CH_3—CH—COOH $\quad \alpha$-羟基丙酸
  $\quad\quad\quad$ OH
- 酚酸 COOH / OH 邻羟基苯甲酸

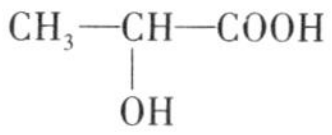

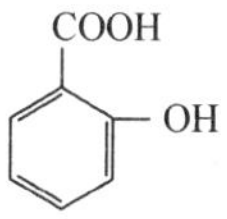

2. 羟基酸的命名

医学上多根据其来源采用俗名或习惯名称。如果用系统命名法,则按照羧酸的命名原则,但须指明羟基所在的位置。例如:

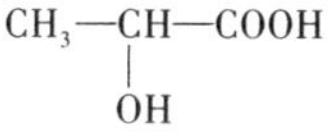

CH_3—CH—COOH
$\quad\quad$ OH

2-羟基丙酸(或 α-羟基丙酸)

俗名:乳酸

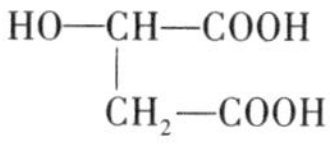

HO—CH—COOH
$\quad\quad$ CH_2—COOH

2-羟基丁二酸(或 α-羟基丁二酸)

俗名:苹果酸

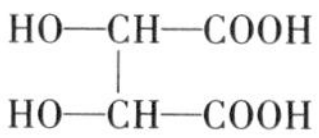

HO—CH—COOH
HO—CH—COOH

2,3-二羟基丁二酸
(或 α,β-二羟基丁二酸)
俗名:酒石酸

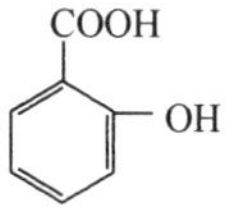

COOH / OH

邻羟基苯甲酸
俗名: 水杨酸

(二) 酮酸

分子中既含有羧基又含有酮基的化合物称为**酮酸**。

医学上多采用俗名或习惯名称。如果用系统命名法,则按照羧酸的命名原则,但须指明酮基所在的位置。例如:

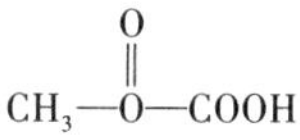

$\overset{O}{\overset{\|}{CH_3}}$—C—COOH

丙酮酸

$\overset{O}{\overset{\|}{CH_3}}$—C—$CH_2$—COOH

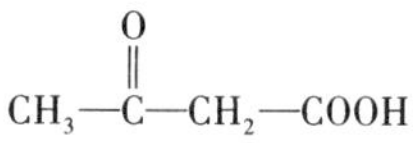

3-丁酮酸(或 β-丁酮酸)
俗名:乙酰乙酸

2-酮基丁二酸(或 α-酮基丁二酸)　　2-酮基戊二酸(或 α-酮基戊二酸)

俗名:草酰乙酸

(三) 重要的羟基酸和酮酸

1. 乳酸

乳酸()为无色或淡黄色糖浆状液体,吸湿性强,能与水、乙醇、乙醚混溶,但不溶于氯仿和油脂。乳酸最初是从酸牛奶中发现的,因而得名。乳酸是糖代谢的中间产物。

在酶的作用下,乳酸在体内发生脱氢氧化生成丙酮酸。

$$CH_3-\underset{\underset{OH}{|}}{CH}-COOH \xrightarrow{-2H} CH_3-\underset{\underset{\|}{O}}{C}-COOH$$

乳酸　　　　　　　　丙酮酸

2. 丙酮酸

丙酮酸($CH_3-\underset{\underset{\|}{O}}{C}-COOH$)是最简单的酮酸,为无色液体,可与水混溶。

丙酮酸是人体内糖、脂肪、蛋白质代谢的中间产物,在体内酶的催化下,易脱羧氧化成乙酸,也可被还原成乳酸。

受酮基的影响,丙酮酸的酸性比丙酸强,也比乳酸强。在体内酶的催化下,易发生脱羧、氧化生成乙酸和二氧化碳。

$$CH_3-\underset{\underset{\|}{O}}{C}-COOH \xrightarrow{[O]} CH_3-COOH+CO_2\uparrow$$

丙酮酸　　　　　　　　乙酸

在体内酶的催化下,也可被还原成乳酸。

$$CH_3-\underset{\underset{\|}{O}}{C}-COOH \underset{-2H}{\overset{+2H}{\rightleftharpoons}} CH_3-\underset{\underset{OH}{|}}{CH}-COOH$$

丙酮酸　　　　　　　　乳酸

案例 3-14

医学中的乳酸

在医药上,乳酸可作为消毒剂和外用防腐剂。例如,1%乳酸溶液用于治疗阴道滴虫;乳酸稀释10倍后加热蒸发,可进行空气消毒。乳酸能与碱作用生成乳酸盐,其中,乳酸钙常用于慢性缺钙的治疗,如佝偻病等;乳酸钠溶液注入人体后,在有氧条件下经肝脏氧化,代谢转化为碳酸氢根离子,抑制血中过高的酸度,可用于治疗代谢性酸中毒。

人在剧烈运动时,糖分解成乳酸,肌肉中乳酸含量增多,肌肉感到酸胀。休息后,肌肉中的乳酸一部分会转化为水、二氧化碳和糖原,另一部分被氧化为丙酮酸,从而使酸胀感消失。

问题:1. 简要说明乳酸在医药上的应用。

2. 人剧烈运动以后,为什么肌肉有酸胀感?

3. 写出乳酸的结构简式。

3. 苹果酸

苹果酸(HO—CHCOOH / HO—CHCOOH)因在未成熟的苹果中含量较多而得名。天然苹果酸为无色针状晶体,能溶于水和乙醇。苹果酸的钠盐可作为禁盐患者的食盐代用品。

4. 柠檬酸

柠檬酸(CH₂—COOH / HO—C—COOH / CH₂—COOH)的系统名称为3-羟基-3-羧基戊二酸,分子中含有三个羧基。它是糖等能量代谢中三羧酸循环的第一个产物。柠檬酸存在于柑橘等水果中,以柠檬中含量最多,俗称柠檬酸,又称枸橼酸。柠檬酸通常含一分子结晶水,为无色透明晶体,易溶于水,有酸性,常用于配制饮料。

柠檬酸盐的医学用途很广。例如,柠檬酸钠有防止血液凝固的作用,临床上用作血液的抗凝剂,也可用于配制班氏试剂;柠檬酸铁铵可用于治疗缺铁性贫血。

5. 水杨酸

水杨酸(COOH / OH)存在于水杨树及柳树的树皮中,因此俗称水杨酸。它是一种白色针状结晶,微溶于冷水,易溶于沸水、乙醇和乙醚。

水杨酸分子中含有酚羟基,因此**它既具有酸性(比苯甲酸强),又能与三氯化铁溶液作用显紫色**。在医学中,水杨酸具有杀菌、防腐能力,为外用消毒防腐药;乙酰水杨酸是水杨酸苯环上的羟基与乙酰基结合的产物,乙酰水杨酸又名阿司匹林。

乙酰水杨酸

案例 3-15

阿司匹林简介

阿司匹林为白色结晶,微溶于水,易溶于乙醇、乙醚和氯仿中,在干燥的空气中较稳定,在潮湿的空气中易水解而变质,因此应密封于干燥处保存。

阿司匹林有解热、镇痛和抗风湿的作用。内服对胃肠的刺激性较水杨酸小。常用镇痛药复方阿司匹林(又称 APC),就是由阿司匹林、咖啡因和非那西丁三者配制的复方制剂。近年来,阿司匹林多用于治疗和预防心、脑血管疾病,是典型老药新用的例子。

问题:1. 根据乙酰水杨酸的化学性质,如何保存阿司匹林?

2. 简要说明阿司匹林的临床应用。

6. β-丁酮酸

β-丁酮酸(O / CH₃—C—CH₂—COOH)又称乙酰乙酸,也可称为3-丁酮酸。β-丁酮酸为人体内脂肪代谢的中间产物。纯品为无色黏稠液体,酸性比乙酸强,性质不稳定,受热易发生脱羧反应生成丙酮和二氧化碳。

$$CH_3-\overset{O}{\overset{\|}{C}}-CH_2-COOH \xrightarrow{\triangle} CH_3-\overset{O}{\overset{\|}{C}}-CH_3 + CO_2\uparrow$$

β-丁酮酸　　　　　　　　丙酮

β-丁酮酸被还原,生成β-羟基丁酸。

$$CH_3-\overset{O}{\overset{\|}{C}}-CH_2-COOH \underset{-2H}{\overset{+2H}{\rightleftharpoons}} CH_3-\overset{OH}{\overset{|}{CH}}-CH_2-COOH$$

β-丁酮酸　　　　　　　　β-羟基丁酸

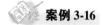 **案例3-16**

酮　　体

　　酮体是脂肪代谢的中间产物,体内脂肪酸代谢时能生成β-丁酮酸,它在酶的催化下可还原生成β-羟基丁酸,脱羧则生成丙酮。

$$H_3C-\overset{OH}{\overset{|}{CH}}-CH_2-COOH \underset{+2H\text{酶}}{\overset{-2H\text{酶}}{\rightleftharpoons}} CH_3-\overset{O}{\overset{\|}{C}}-CH_2-COOH \xrightarrow{\text{酶}} CH_3-\overset{O}{\overset{\|}{C}}-CH_3 + CO_2$$

β-羟基丁酸　　　　　　　　β-丁酮酸　　　　　　　　丙酮

　　医学上把乙酰乙酸、β-羟丁酸和丙酮三者合称为**酮体**。由于酮体能被肝外组织进一步分解,因此正常人体血液中只含用微量(小于0.5mmol/L)酮体。但当长期饥饿或患糖尿病时,酮体生成明显增多而引起血液中酮体含量升高,严重时将在尿中出现酮体,称为酮症。酮体呈酸性,如果酮体的增加超过了血液抗酸的缓冲能力,就会引起酸中毒。因此,检查酮体可以帮助对疾病的诊断。酮体遇亚硝酰铁氰化钠溶液和氨水即出现紫色,临床上通常利用此性质检验酮体。

问题:1. 什么是酮体?
　　　2. 临床上如何检验酮体的存在?

 目标检测

一、自我小结填空

项目	内容
羧酸	结构通式: _____ ;官能团: _____
羧酸的化学性质	1. 酸性　如:$CH_3COOH+NaOH \rightleftharpoons$ _____ ;
	2. 脱羧　如:$\overset{COOH}{\underset{COOH}{\|}} \xrightarrow{\triangle} H-COOH+$ _____ ;
	3. 酯化反应　如:$CH_3-\overset{O}{\overset{\|}{C}}-OH +HO-CH_3 \xrightarrow{\text{浓 }H_2SO_4}$ _____ ;
	4. 酯的水解　如:$CH_3-\overset{O}{\overset{\|}{C}}-O-CH_2CH_3 \overset{H^+\text{或者}OH^-}{\rightleftharpoons}$ _____ ;
	在 NaOH 溶液中水解的最终产物是: _____
羟基酸	官能团有: _____ 和 _____ ;常见的羟基酸有: _____
酮酸	官能团有: _____ 和 _____ ;常见的酮酸有: _____

续表

项目	内容
重要名词	酯化反应：_____； 脱羧反应：_____
重要应用	羧酸的酸性比碳酸强，并能使蓝色石蕊试纸变_____色。 甲酸分子结构中有_____和_____基团，因此具有_____的性质和_____的性质

二、填空题

1. 羧酸一般为_____酸，但比_____酸性强，利用_____可以鉴别羧酸和酚。

2. 乙酸和乙醇在浓硫酸催化下加热生成_____和_____，此反应称_____反应。

3. 羧酸脱去_____放出_____反应称为脱羧反应。二元羧酸对热比较敏感，易脱羧。乙二酸脱羧生成_____和_____。

4. 甲酸既有_____性又有_____性，因为甲酸分子中含有_____基和_____基。

5. 甲酸的酸性比其他饱和一元酸_____，能发生银镜反应，能使高锰酸钾溶液_____，这些反应常用来鉴别甲酸。

6. $CH_3-\overset{O}{\underset{\|}{C}}$、$-\overset{O}{\underset{\|}{C}}-OH$、$-\overset{O}{\underset{\|}{C}}-$、$-H$、$-OH$ 相互结合可组成不同的化合物，其名称是_____、_____、_____、_____和_____。

7. 苯甲酸是最简单的_____酸。最简单的一元脂肪酸是_____酸。最简单的二元羧酸是_____酸。

8. 医学上把_____、_____、_____合称为酮体。血液中酮体含量增高，将会使血液酸性增强，而有引发_____中毒的可能。

9. 乳酸的结构式是_____，在一定条件下可以被氧化为酮酸_____，后者在一定条件下可以被_____为乳酸。

10. _____可作为禁盐患者的食盐代用品；柠檬酸分子中含有____个羧基，是糖等能量代谢中三羧酸循环的第____个产物；水杨酸的结构式是_____，它与$FeCl_3$溶液作用生成_____色的物质。阿司匹林是____基与水杨酸苯环上的_____基结合的产物，有解热、镇痛和抗风湿的作用。

三、选择题

1. 羧基与氢原子直接相连的化合物是(　　)。
   A. 甲醛　　　　　B. 甲醇
   C. 甲酸　　　　　D. 甲醚

2. 下列化合物既有还原性，又有酸性的是(　　)。
   A. CH_3OH　　　　B. $HCOOCH_3$
   C. $HCOOH$　　　　D. $HCHO$

3. 既能发生酯化反应，又能与$NaHCO_3$反应的有机化合物是(　　)。
   A. 苯酚　　　　　B. 乙醇
   C. 乙醛　　　　　D. 乙酸

4. 下列化合物加热能放出二氧化碳的是(　　)。
   A. 甲酸　　　　　B. 乙酸
   C. 乙二酸　　　　D. 乳酸

5. 可将甲酸和乙酸区别开的试剂是(　　)。
   A. 石蕊试纸　　　B. 托伦试剂
   C. 碳酸钠溶液　　D. 氢氧化钠溶液

6. 2-甲基丙酸分子中，烃基为(　　)。
   A. 甲基　　　　　B. 乙基
   C. 异丙基　　　　D. 丙基

7. 下列化合物，哪一个酸性最强(　　)。
   A. 甲酸　　　　　B. 乙酸
   C. 碳酸　　　　　D. 苯酚

8. 羧酸的官能团是(　　)。
   A. $-CHO$　　　　B. $-COR$
   C. $-COOH$　　　D. $-COOR$

9. 能与乙醇发生酯化反应的物质是(　　)。
   A. 乙酸　　　　　B. 乙醛
   C. 丙酮　　　　　D. 乙烷

10. 下列化合物中既能溶于氢氧化钠溶液又能溶于碳酸氢钠溶液的是(　　)。
    A. 苯甲酸　　　　B. 苯酚
    C. 苯甲醇　　　　D. 苯甲醚

11. 下列化合物不能与费林试剂发生反应的是(　　)。
    A. 甲酸　　　　　B. 丙酸
    C. 甲酸丙酯　　　D. 丙醛

12. 下列物质不属于酮体的是(　　)。
    A. 丙酮酸　　　　B. β-丁酮酸

C. 丙酮　　　　D. β-羟基丁酸

13. 不能使酸性高锰酸钾褪色的是( )。
    A. 甲酸　　　　B. 乙酸
    C. 乙二酸　　　D. 乙醛

14. 关于 $CH_3-\overset{O}{\underset{\|}{C}}-O-CH_3$ 的描述,不正确的是
    ( )。
    A. 属于酸类　　B. 属于酯类
    C. 在酸性或者碱性条件下水解
    D. 名字叫乙酸甲酯

四、写出下列基团或化合物的结构简式

1. 羧基　　　　　2. 甲酸
3. 草酸　　　　　4. 乙酸

五、写出下列化合物的官能团名称,并用系统命名法命名下列化合物

1. [苯环]—CH₂COOH

2. $CH_2\overset{\textstyle COOH}{\underset{\textstyle COOH}{<}}$

3. $CH_3-\overset{O}{\underset{\|}{C}}-COOH$

4. $CH_3-\underset{\underset{OH}{|}}{CH}-COOH$

六、用化学方法区别下列有机化合物

1. 乙醇、乙酸　　　2. 甲酸、乙酸

第 4 章　有机化学的立体异构

有机化学中的同分异构现象可分为两大类:**构造异构**(结构异构)和**立体异构**。构造异构是指分子式相同,而分子中原子排列顺序不同所引起的一类异构。立体异构是指分子构造(即分子中原子相互连接的方式和次序)相同,但分子中的原子或原子团在空间的排列方式不同而引起的异构现象。本章主要讨论立体异构中的顺反异构和对映异构。

第 1 节　顺 反 异 构

 案例 4-1

"慢性毒药"——人造奶油

天然油脂中的脂肪酸主要是顺式脂肪酸。为了改变油脂的形态,改善油脂的口感,人们给油脂加氢,使之硬化而变成人造奶油,在硬化过程中,顺式脂肪酸部分转化为反式脂肪酸。由于反式脂肪酸能升高血液胆固醇,会大大增加心血管疾病风险,还会促生糖尿病和老年痴呆,导致生育困难、影响儿童生长发育等。因此,反式脂肪酸被营养学家称为"慢性毒药"。

问题:1. 想想生活中哪些食物含有人造奶油?
　　　2. 什么是顺式和反式脂肪酸?

烯烃的同分异构现象较复杂,除了有碳链异构、双键位置不同引起的位置异构外,还有由于碳碳双键所连接的原子和基团在空间的排列方式不同而产生的顺反异构。

一、　顺反异构的定义

对于含有碳碳双键的化合物,当双键两端的碳原子上各连有两个不同的原子或原子团时,在空间就有两种不同的排列方式。例如,2-丁烯的两个甲基(或两个氢原子)被固定在双键的同侧或异侧(图 4-1)。

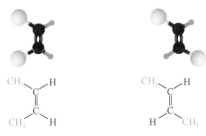

图 4-1　顺-2-丁烯与反-2-丁烯

从结构上看,上述两种异构体产生的原因是碳碳双键上的碳原子不能沿着双键轴做相对自由旋转,导致双键碳原子所连接的原子或基团在空间的排列方式不同。像这种分子中原子或基团的连接顺序相同,官能团的位置也相同,只是由于双键上所连接的原子或基团在空间排列方式不同所引起的异构称为**顺反异构**。相同的原子或基团排在碳碳双键的同一侧称为**顺式构型**；相同的原子或基团分别排在碳碳双键的两侧称为**反式构型**。

二、 顺反异构的产生条件

有顺反异构体的烯烃必须是每个双键碳原子都连有不同的原子或基团。

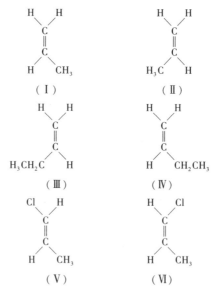

相同原子或基团排在双键同侧的称为顺式；不在同侧的称为反式。

当双键碳上其中一个碳原子上连有两个相同的原子或基团时，则不存在顺反异构。例如：

两式有相同的原子或基团，不是顺反异构体。

例如：

（Ⅰ）和（Ⅱ）为同一化合物，（Ⅲ）和（Ⅳ）也为同一化合物，（Ⅴ）和（Ⅵ）是一对顺反异构体，因为它们不能相互重叠。

即时练

1-戊烯和 2-甲基-3-戊烯有顺反异构体吗？为什么？

三、 顺反异构体的命名

对于简单的顺反异构体的命名，一般根据其构型，在系统命名的名称前加"顺"或

"反"字表示。

2-丁烯的顺反异构体表示为

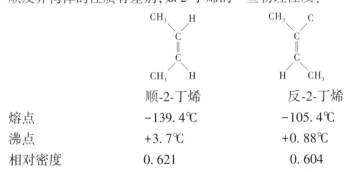

顺-2-丁烯　　　　　　　反-2-丁烯

链　接

2-氯-2-戊烯的顺反异构表示

当碳碳双键上连有4个完全不相同基团时,就不能用"顺"、"反"来表示构型了,在国际上采用 Z、E 来标记顺反异构体的构型。首先根据次序规则确定每一个双键碳原子所连的两个原子或原子团的大小,然后根据原子或原子团的大小按次序进行排列,当两个大基团位于双键的同侧时,用 Z 表示(德文 zusammen 的缩写,意为"共同",指同侧),当两个大基团位于双键异侧时用 E 表示(德文 entgegen 的缩写,意为"相反", 指不同侧)。若基团大小次序为:a 大于 b;e 大于 d(基团的次序规则:先比较原子序数,原子序数大的基团大于原子序数小的基团;如果相同则看与其连接的下一个原子,直到可以比较出为止),则

Z型　　　　　　　　　　E型

(Z)-2-氯-2-戊烯　　　　　　(E)-2-氯-2-戊烯

顺反异构体的性质有差别,如 2-丁烯的一些物理性质:

顺-2-丁烯　　　　　　　反-2-丁烯

	顺-2-丁烯	反-2-丁烯
熔点	−139.4℃	−105.4℃
沸点	+3.7℃	+0.88℃
相对密度	0.621	0.604

顺反异构体属于不同的化合物,物理性质不同,化学性质基本相同,生理活性有差异。

案例 4-2

顺反异构与人工激素

研究发现雌激素雌二醇的两个羟基是活性官能团,对生理作用来说是必需的。己烯雌酚为人工合成的非甾体雌激素,能产生与天然雌二醇相同的药理与治疗作用,主要用于雌激素低下症及激素平衡失调引起的功能性出血、闭经。己烯雌酚的立体结构有顺反异构两种,在反式己烯雌酚

中,两个羟基的距离是 1.45nm,这与雌二醇两个羟基的距离近似,表现出较强的作用,反式己烯雌酚的口服作用为雌二醇的 2~3 倍;而顺式己烯雌酚两个羟基的距离是 0.72nm,与雌二醇不相似,作用大大减弱。

雌二醇　　　　　　　　　　顺式己烯雌酚　　　　　　　　反式己烯雌酚

问题:1. 反式己烯雌酚与顺式己烯雌酚的结构,哪个与雌二醇的结构相近?

　　　2. 为什么反式己烯雌酚比顺式己烯雌酚的生理作用强?

　　　3. 顺反异构体构型不同对药理作用的影响一样吗?

 目标检测

一、简答题

1. 命名下列化合物或写出其结构简式。

(1)

(2)

(3)(E)-2,3-二溴-2-己烯

2. 下列化合物哪个有顺反异构体? 若有,试写出其两种异构体。

(1) $CH_2=C(CH_3)_2$　　　(2) $CH_3CH=CHBr$

(3) $CH_3CH=CHCH_2CH_3$　(4) $CH_3CCl=CClCH_3$

二、选择题

1. 下列哪种烯烃有顺反异构( )。

A. 乙烯　　　　　B.2-甲基-2-丁烯

C.2-丁烯　　　　D.1-丁烯

2. 在下列化合物中,具有顺反异构体的是( )。

A. $CH_3CH=CH_2$

B. $CH_3CH=C(CH_3)_2$

C. $(C_2H_5)_2C=C(CH_3)_2$

D. $CH_3CH=CHCH_3$

3. 顺反异构体的两个物质,其( )。

A. 物理性质相同

B. 生物活性相同

C. 化学性质基本相同

D. 空间结构相同

4. 油酸是油脂的成分之一,下列属于顺式结构的油酸是( )。

A. $CH_3(CH_2)_7-C=C-(CH_2)_7COOH$

B. $CH_3(CH_2)_7-C=C-(CH_2)_7COOH$

C. $CH_3(CH_2)_7-CH-CH-(CH_2)_7COOH$

D. $CH_3(CH_2)_7-CH=CH-(CH_2)_7COOH$

三、填空题

1. 立体异构是由于分子中原子或基团_____不同而引起的异构现象。

2. 有顺反异构体的烯烃必须是每个双键碳原子都连有_____。

第 2 节　对 映 异 构

　　对映异构是另一类型的立体异构,其与化合物的一种特殊物理性质——旋光性有关,而物质的旋光性与生理、病理、药理现象有密切关系。

一、概 述

(一) 偏振光和旋光性

光(自然光)是一种电磁波,光波振动的方向与光的前进方向垂直。普通光是由不同波长的光线组成的光束,在与传播方向垂直的所有平面内振动,用圆圈表示一束平行直射过来的单色光的横截面,如图4-2所示,$\updownarrow$表示光波振动方向。

图4-2 平行自然光

如果让它通过一个尼科尔棱镜,不是所有方向的光都能通过,而只有和晶轴相平行的光能通过,通过棱镜后的光只在一个平面上振动,而其他平面上的光则被尼科尔棱镜阻挡住,这种光就称为平面偏振光或简称**偏振光**。偏振光振动的平面称为**振动面**或**偏振面**,如图4-3所示。

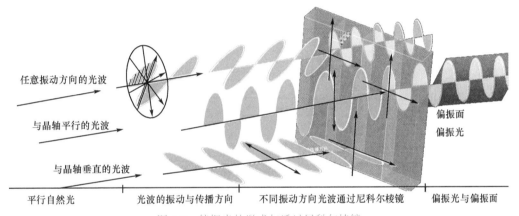

图4-3 偏振光的形成与透过尼科尔棱镜

自然界中有许多物质可使偏振光的偏振面发生改变,这种现象称为**旋光现象**。如果在晶轴平行的两个尼科尔棱镜之间放一支盛液管(玻璃管),往盛液管中分别放入不同的溶液,然后将光源从第一个棱镜向第二个棱镜的方向照射,并在第二个棱镜后面观察,可以发现,当放入的溶液不同时观察到的结果不同。有的溶液对偏振光没有作用,即偏振光仍在原方向上振动;而有的溶液却能使偏振光的振动方向发生旋转,如图4-4所示。

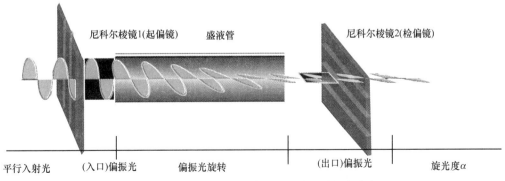

图4-4 平面偏振光通过旋光性物质振动方向改变

因此,可以把物质分为两类:一类对于偏振光不发生影响;另一类则具有使偏振光的振动平面旋转的性质,这种性质称为旋光性,具有这种性质的物质称为**旋光性物质**。第二个棱镜旋转的方向就代表旋光性物质的旋光方向。把能使偏振光的振动平面按逆时针方向旋转的旋光性物质称为**左旋体**,通常用"*l*"或"–"表示左旋;按顺时针方向旋转的称为**右旋体**,用"*d*"或"+"表示右旋,所有旋光性化合物不是左旋体就是右旋体。"+"和"–"仅仅表示旋光方向不同,与旋光度的大小无关。

(二) 旋光度和比旋光度

1. 旋光度

偏振光振动方向旋转的角度,称为**旋光度**,用"α"表示。

测定物质旋光性的仪器称为**旋光仪**,如图 4-5 所示,它主要由一个光源、一个聚光镜、两个尼科尔棱镜、一个盛放样品的盛液管和一个能旋转的刻度盘组成。

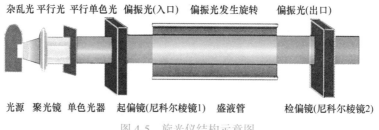

杂乱光 平行光 平行单色光 偏振光(入口) 偏振光发生旋转 偏振光(出口)

光源 聚光镜 单色光器 起偏镜(尼科尔棱镜1) 盛液管 检偏镜(尼科尔棱镜2)

图 4-5 旋光仪结构示意图

第一个棱镜是固定的,称起偏镜。第二个棱镜可以旋转,称检偏镜。当测定旋光度时,可将被测物质装在盛液管中测定。若被测物质无旋光性,则平面偏振光通过盛液管后偏振面不被旋转,可以直接通过检偏镜,视场光亮度不会改变;若被测物质具有旋光性,平面偏振光通过盛液管后,偏振面会被旋转一定的角度(如图 4-6 所示的 α 角),这时偏振光不能直接通过检偏镜,此时视场变暗,只有检偏镜也旋转一定的角度,才能让已经旋转的偏振光完全通过检偏镜,视场恢复原来的亮度,此时检偏镜上的刻度盘所旋转的角度就是被测物质的**旋光度**。

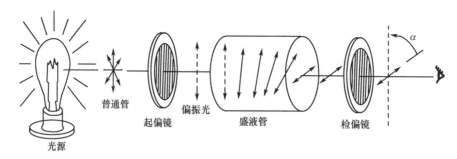

普通管 起偏镜 偏振光 盛液管 检偏镜

光源

图 4-6 旋光仪工作原理示意图

2. 比旋光度

物质旋光度的大小除了与物质的分子结构有关外,还随测定时所用溶液的浓度、盛液管的长度、温度、光的波长以及溶剂的性质等而改变。因此,为了能比较物质的旋光性的大小,消除这些不可比因素的影响,一般不用旋光度表示某一物质的旋光性,而用比旋

光度 $[\alpha]_{\lambda}^{t}$ 来描述物质的旋光性。旋光度与比旋光度之间的关系可用下式表示：

$$[\alpha]_{\lambda}^{t} = \frac{\alpha}{c \times l}$$

式中，α 是由旋光仪测得的旋光度；λ 是所用光源的波长，常用钠光，波长是589.3nm；t 是测定时的温度，一般是室温（15~30℃）；c 是溶液的浓度，以每毫升溶液中所含溶质的克数表示（g/mL）；l 是盛液管的长度，以 dm 表示。当 c 和 l 都等于 1 时，$[\alpha]_{\lambda}^{t} = \alpha$。因此**比旋光度**的定义是：在一定温度下，光的波长一定时，被测物质的浓度为 1g/mL，盛液管的长度为 1dm 条件下测出的旋光度。例如，由肌肉中取得的乳酸的比旋光度 $[\alpha]_{\lambda}^{20} = +3.8°$，表示该乳酸是在（20±0.5）℃时，以钠光灯作为光源时测得的旋光度，然后通过公式计算而得比旋光度 $[\alpha]_{\lambda}^{20}$ 为右旋3.8°.

链 接

旋光法在药物分析中的应用

旋光法是利用药物与杂质旋光性质的差异，通过测定旋光度或比旋光度控制杂质的限量。例如，硫酸阿托品为消旋体，无旋光性，而莨菪碱为左旋体。《中华人民共和国药典》2015 年版规定，供试品（硫酸阿托品）溶液（50mg/mL）的旋光度不得超过−0.4°，以此控制莨菪碱的量。

如果待测的旋光性物质是液体，可直接放入盛液管中测定，不必配成溶液，但在计算比旋光度时，须把公式中的 c 换成该溶液的密度 d。测定旋光度可用来鉴定旋光性物质，或计算旋光性物质的纯度和含量。

【例 4-1】 测得一个葡萄糖溶液的旋光度为+3.4°，而葡萄糖的比旋光度为+52.5°，若盛液管的长度为 10cm，试计算出葡萄糖溶液的浓度。

解析：

已知 $l = 10cm$ $\alpha = +3.4°$ $[\alpha]_{\lambda}^{t} = 52.5°$

则

$$c = \frac{\alpha}{[\alpha]_{\lambda}^{t} \times l} = \frac{(+)3.4}{(+)52.5 \times l} = 0.0648 g/mL$$

二、 手性与对映异构现象

大家都知道人的左手与右手外形相似，但不能完全叠合。如果把左手放到镜面前面，其镜像恰好与右手相同，左右手的关系实际上是实物与镜像的关系，互为对映但不重合。因此，人们把这种既相互对映又不能与其镜像叠合的特征称为物质的"手性"或"手征性"。不能与镜像重合的分子称为**手性分子**，而能与镜像重合的分子称为**非手性分子**。以乳酸 $CH_3—C^*H—(OH)—COOH$ 为例加以说明。

下面是乳酸的立体结构模型。

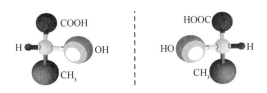

乳酸分子的构型表示

这两个模型都是四面体中心的碳原子连着 H、CH₃、OH、COOH。那么它们代表的是否是同一化合物呢？初看时，它们像是相同的，但是把两个模型叠在一起就会发现，无论把它们怎样放置，都不能使它们完全重合，这两个模型的关系正像左手和右手的关系，不能相互重合，互为**镜像**。因而乳酸分子是手性分子，乳酸分子结构中 α 碳原子分别与 H、CH₃、COOH、OH 4 个不同的基团相连，这种与不同的四个基团连接的碳原子称为**手性碳原子**(用 C* 表示)。乳酸在空间有两种不同的排列方式，即有两种不同的构型，两者互为对映体，像这样具有相同的分子构造，但构成分子的原子或基团在空间的排列互为实物和镜像的关系称为**对映异构关系**。两个互为对映异构关系的异构体称为**对映异构体**，简称**对映体**。有手性的分子一定有对映异构体存在，每个对映异构体都有旋光性。分子中有手性碳原子是判断手性分子的条件之一，有的分子含有多个手性碳原子。具有一个手性碳原子的化合物只有一对对映体，本节只讨论只有一个手性碳原子的化合物。图 4-7 所表示的就是乳酸分子的一对对映体，一种是右旋体(+)-乳酸，另一种是左旋体(−)-乳酸。

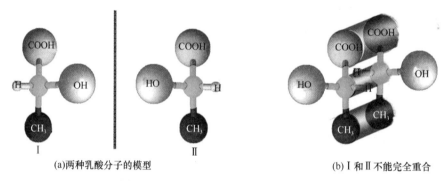

(a)两种乳酸分子的模型   (b)Ⅰ和Ⅱ不能完全重合

图 4-7   两种乳酸分子的模型及相互关系

将乙醇分子也表示成如图 4-8 所示的两种空间构型。

(a)乙醇分子Ⅰ和它的镜像Ⅱ   (b)Ⅰ和Ⅱ能够完全重合

图 4-8   乙醇分子的空间排列方式

乙醇分子的构型Ⅰ和构型Ⅱ也互为实物和镜像，但将构型Ⅰ在纸面上旋转180°后，既得构型Ⅱ。Ⅰ和它的镜像Ⅱ能够完全重合，所以乙醇为非手性分子，与羟基相连的碳原子上所连接4个原子或原子团在空间中只有一种排列顺序，因而没有对映异构体，也没有旋光性。

例如，下列化合物中标"＊"碳原子均为手性碳原子：

$$CH_3CH_2-\overset{\cdot}{C}H-CH_3 \qquad CH_3-\overset{\cdot}{C}H-COOH \qquad CH_3-\overset{\cdot}{C}H-COOH$$
$$\underset{Cl}{|} \qquad\qquad \underset{OH}{|} \qquad\qquad \underset{NH_2}{|}$$

将一对对映体等量混合后,就得到没有旋光性的混合物,这种混合物称为外消旋体,用 (±) 或 *dl* 表示,例如,(+)-乳酸和(−)-乳酸,旋光度相等,但旋光方向相反,将(+)-乳酸和(−)-乳酸等量混合,旋光性互相抵消,得到没有旋光性的混合物,称为**外消旋乳酸**,用(±)-乳酸或 *dl*-乳酸表示,从酸牛奶中得到的乳酸即为(±)-乳酸。

链 接

化学家路易斯·巴斯德对酒石酸钠铵的发现

1848 年巴斯德发现,外消旋酒石酸钠铵在一定条件下结晶时,生成两种外形不同的晶体,这两种晶体的关系相当于物和镜像或左手和右手的关系,外形相似但不能相互重合。巴斯德细心地将这两种晶体分开,分别溶于水,然后用旋光仪检查,发现一种是左旋的,另一种是右旋的,而旋光度却相等。他还注意到左旋和右旋酒石酸钠铵的晶体外形是不对称的,并进一步联想到旋光异构现象是由于分子中原子在空间的不同排列方式所引起的。

外消旋体和相应的左旋体或右旋体除旋光性能不同外,其他物理性质也有差异(如熔点、溶解度),但化学性质基本相同。在生理作用上,外消旋体仍能发挥其所含左旋体和右旋体的相似效能。此外,外消旋体与一般的混合物不相同,它通常有固定的熔点,并且熔点范围窄。

三、 对映异构体的表示法

对映体在结构上的区别仅在于原子或基团的空间排布方式的不同,用平面结构式无法表示,为了更直观、更简便地表示分子的立体空间结构,1891 年德国化学家费歇尔(Fischer)提出了用投影方法表示。投影方法是:将立体模型所代表的主链竖起来,编号小的碳原子写在竖线的上端,得到相交叉的两条实线连有四个原子或基团。竖线连的两个基团指向纸后方,其余两个与手性碳原子连接的横键就指向前方观察者。按此法进行投影,即可写出投影式。例如,乳酸的对映异构体投影方法如图 4-9 所示。

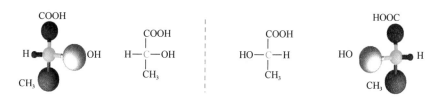

图 4-9 乳酸对映异构体的模型及投影式

费歇尔投影式有以下含义:
1) 横线与竖线的"+"字交叉点代表手性碳原子。
2) 横线上连接的原子或基团代表的是透视式中位于纸面前方的原子或基团。
3) 竖线上连接的原子或基团代表的是透视式中位于纸面后方的原子或基团。
必须注意:费歇尔投影式是用平面式代表立体结构的,为保持构型不变,投影式只许在纸面上旋转 180° 或其整数倍,不能旋转 90° 或其奇数倍,不能离开纸面翻转。

四、 构型标记法

(一) D-和 L-标记法

已知乳酸有两种构型,但是右旋乳酸是哪种构型,左旋乳酸是哪种构型,在 1951 年以前没有适当的方法测定,这给有机立体化学和反应历程的研究带来很大困难。为研究方便,避免混乱,人为地以甘油醛为标准,规定手性碳原子的羟基在投影式的右边,氢原子在左边的为 D 型,相反的为 L 型,D 是拉丁语 Dextro 的字首,意思是"右";L 是拉丁语 Laevo 的字首,意思是"左"。

例如,D-(+)-甘油醛和 L-(-)-甘油醛的构型式如下:

$$
\begin{array}{cc}
\text{CHO} & \text{CHO} \\
\text{H}\!-\!\!\!-\!\!\!-\!\text{OH} & \text{HO}\!-\!\!\!-\!\!\!-\!\text{H} \\
\text{CH}_2\text{OH} & \text{CH}_2\text{OH}
\end{array}
$$

D-(+)-甘油醛 　　　 L-(-)-甘油醛

用 D、L 标记法命名其他物质时,通过该分子的对映异构体与标准甘油醛对比,来确定其构型。例如,D-和 L-标记法表示乳酸的两种构型:

$$
\begin{array}{cc}
\text{COOH} & \text{COOH} \\
\text{H}\!-\!\!\!-\!\!\!-\!\text{OH} & \text{HO}\!-\!\!\!-\!\!\!-\!\text{H} \\
\text{CH}_3 & \text{CH}_3
\end{array}
$$

D-(-)-乳酸 　　　 L-(+)-乳酸

D 和 L 分别表示构型,而"(+)"和"(-)"则表示旋光方向,两者没有必然联系,右旋体不一定是 D 型,左旋体不一定是 L 型,所以不能根据旋光方向判断构型,反之亦然。

由于 D、L 标记法只适用于表示有一个手性碳原子的化合物,对于含有多个手性碳原子的化合物,该种表示方法有局限性,使用不方便,近年来逐步采用了 R、S 构型标记法。

(二) R-和 S-标记法

R-和 S-标记法的方法是:首先按次序规则,对手性碳原子上连接的四个不同原子或基团,按优先次序由大到小排列为 a→b→c→d;然后将最小的 d 摆在离观察者最远的位置,最后绕 a→b→c 画圆,如果为顺时针方向,则该手性碳原子为 R 型(拉丁文 Rectus 的缩写,意为"右")(图 4-10);如果为逆时针方向,则该手性碳原子为 S 型(拉丁文 Sinister 的缩写,意为"左")(图 4-11)。

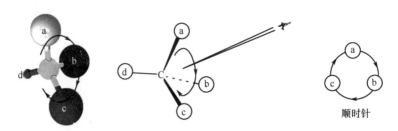

图 4-10　R 型(a→b→c 顺时针)

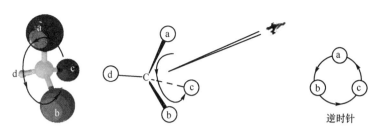

图 4-11　S 型(a→b→c 逆时针)

确定基团排列先后次序的规则如下:

首先,按与手性碳原子相连的四个原子或基团的第一个原子的原子序数大小确定,原子序数较大的优先,原子序数小的在后。

例如:I>Br>Cl >S >P>O>N>C>H

其次,若与手性碳原子相连的第一个原子相同,不能确定相对次序,则使用"外推法"向外延伸比较,直到比出基团优先大小。

例如:以—CH$_2$CH$_3$与—CH$_3$为例,连在手性碳原子上的第一个原子都是碳,在—CH$_3$中的第二个原子是 H、H、H;在—CH$_2$CH$_3$中第二个原子是 C、H、H。因碳原子序数比氢大,因此—CH$_2$CH$_3$较—CH$_3$优先。

同理推出:(CH$_3$)$_3$C—>(CH$_3$)$_2$CH—>CH$_3$CH$_2$—>—CH$_3$

最后,对于含有双键或叁键的原子团,把双键看成连有两个相同的原子,把叁键看成连有三个相同原子,再进行比较。

例如:

$$\text{\textbackslash}C{=}O \quad \text{相当于 C(OO)} \qquad —C{\equiv}N \quad \text{相当于 C(NNN)}$$

$$—C{\equiv}CN \quad \text{相当于 C(CCC)} \qquad \text{⬡— 相当于 C(CCC)}$$

同理推出:$\overset{O}{\overset{\|}{—C}}—R > \overset{O}{\overset{\|}{—C}}—H > —CH_2OH > —CH{=}CH_2 > —CH_2CH_3$

如图用 R、S 标记法来标记 D 型、L 型甘油醛的构型,它们分别为 R 构型和 S 构型。

CHO
H—OH
CH$_2$OH

视线方向

R构型

—OH ⟶ CHO ⟶ CH$_2$OH　顺时针

CHO
OH—H
CH$_2$OH

视线方向

S构型

—OH ⟶ CHO ⟶ CH$_2$OH　逆时针

直接使用费歇尔投影式确定构型时,应注意式中以垂直线相连的原子团伸向纸后,而以水平线相连的原子团伸向纸前。

用 R、S 构型标记法标记下列化合物的构型(虚线表示观察者观察的方向)。

COOH
H—OH
CH₃

Cl
C₂H₅—CH₃
H

Cl
H₃C—H
Br

值得注意的是:D、L 构型和 R、S 构型之间并没有必然的对应关系。D 构型不一定都是 R 构型,L 构型不一定都是 S 构型,反之亦然。D、L 和 R、S 是两种表示构型的方法,它们之间以及构型与旋光性之间均不存在任何固定的对应关系。

五、 对映异构体的生物活性

链 接

奎宁和奎尼丁

奎宁和奎尼丁的分子式完全相同,但奎核部分立体结构不同,前者为左旋体,后者为右旋体,立体结构的不同导致了两者的碱性、溶解性能和药理作用不同。

奎宁:本品水溶液显中性。在氯仿-无水乙醇(体积比为 2∶1)的混合液中易溶,在水、乙醇、氯仿或乙醚中微溶。药理作用为对各种疟原虫的无性体都有较强作用,但不能杀灭恶性疟的配子体。本品能与疟原虫的 DNA 结合,抑制 DNA 的复制和 RNA 的转录,干扰疟原虫的生长、繁殖。此外,本品对中枢神经系统有抑制作用;有抑制心肌,减弱心肌收缩力,延长心肌不应期,减慢传导的作用;增强子宫节律性收缩的作用。

奎尼丁:本品水溶液显中性或碱性。在沸水或乙醇中易溶,在氯仿中溶解,在水中微溶,在乙醚中几乎不溶。药理作用为具有抗心律失常药的特点。它直接抑制心肌 Na^+ 通道,减少心肌细胞 Na^+ 内流;对 Ca^{2+} 和 K^+ 通道也有一定作用。此外,通过对植物神经的间接作用,即阻滞胆碱 M 受体,呈阿托品样作用。

在通常情况下,对映体之间一般都具有相同的化学性质,物理性质除了旋光方向相反外,其他如熔点、沸点、溶解度以及旋光度都相同。

另外,对映体之间极为重要的区别在于它们对生物体的活性与作用不同。在生物体中起活性作用的分子往往是对映体中的一种。例如,右旋维生素 C 对人体有显著药效,而其左旋体药效很低,左旋麻黄碱的升压作用是右旋体的 4 倍,多巴[2-氨基-3-(3,4-二羟基)苯基丙酸]的右旋体无生物活性,而左旋体却被用来治疗帕金森病;D(-)-肾上腺素的血管收缩作用较 L(+)-肾上腺素异构体强 12~20 倍;D(-)-异丙肾上腺素的支气管扩张作用较 L(+)-异丙肾上腺素异构体强 800 倍。人体生长发育所需要的氨基酸都是 L 构型,人体所需要的糖类化合物都是 D 构型,而它们的对映体对人一点营养作用都没有。

目标检测

一、自我小结填空

项目	内容
顺反异构的定义	顺反异构：_____
顺反异构的产生条件	有顺反异构体的烯烃必须是每个双键碳原子都连
顺反异构的构型标记方法	用"顺"、"反"或"Z"、"E"表示。 a>b>c>d
顺反异构的性质	具有 _____ 的物理性质,化学性质 _____
顺反异构的意义	部分顺反异构体生物活性 _____
对映异构体的特点	一对对映体的分子构造 ____,但构成分子的原子或基团在空间的排列互为 _____ 的关系
对映异构体产生的条件	具有 _____ 原子的分子才是手性分子,_____分子具有对映异构体,手性分子的两种对映异构体能使偏振光发生 _____
费歇尔投影式	用平面式来代表三维空间的立体结构
对映异构的构型标记方法	D、L 型表示;R、S 型表示
对映异构的基本概念	手性分子：_____ ; 对映异构体：_____ ; 手性碳原子：_____ ; 外消旋体：_____ ; 偏振光：_____ ; 旋光度：_____ ; 比旋光度：_____
对映异构对药效的影响	对映异构体除旋光性外,理化性质均相同,其生物活性的差别很大

二、简答题

1. 下列化合物中有无手性碳原子,若有用 * 注明。

    (1)异丁烷　　　　　(2)异丁醇

    (3)2-甲基丙酸　　　(4)2-羟基丙酸

    (5)2-羟基丁二酸

    (6)2-氯丁烷

2. 下列化合物是否具有对映异构体,若有,写出其对映异构体的费歇尔投影式,并用 D、L 构型标记法表示。

    (1)2-丁烯酸　　　　(2)2-溴-1-丁醇

    (3)2-氯丁烷　　　　(4)2-羟基丁酸

三、选择题

1. 下列化合物是手性分子的是(　　)。

    A. 乙酸　　　　　　B. 乳酸

    C. 乙醇　　　　　　D. 乙二酸

2. 下列化合物中具有旋光性的是(　　)。

    A. 正丁醇　　　　　B. 2-丁醇

    C. 丙醇　　　　　　D. 乙醇

3. 下列化合物中不具有旋光性的是(　　)。

    A. 甘油醛　　　　　B. 2-丁醇

    C. 2-氯丁烷　　　　D. 丙醇

4. 对映异构是一种极为重要的异构现象,它与物质的(　　)有较大关系。

    A. 氧化性　　　　　B. 取代反应

    C. 旋光性　　　　　D. 可燃性

5. 下列有机化合物有对映异构的是(　　)。

    A. 乳酸　　　　　　B. 1-丁醇

    C. 丙醇　　　　　　D. 1-氯丁烷

6. 对于化合物的旋光方向与其构型的关系,

以下说法中正确的是（ ）。

A. 无直接对应关系

B. D 型为右旋

C. L 构型为左旋

D. L 构型为右旋

7. 构型属于 R 型的是（ ）。

$$（1）OH \overset{CHO}{\underset{CH_3}{\rule{0pt}{0pt}|\!\!-\!\!\rule{0pt}{0pt}}} H \qquad （2）H_3CH_2C \overset{H}{\underset{CH_3}{\rule{0pt}{0pt}|\!\!-\!\!\rule{0pt}{0pt}}} OCH_3$$

$$（3）H \overset{CH_2OH}{\underset{CH_3}{\rule{0pt}{0pt}|\!\!-\!\!\rule{0pt}{0pt}}} Cl \qquad （4）Cl \overset{CH_3}{\underset{COOH}{\rule{0pt}{0pt}|\!\!-\!\!\rule{0pt}{0pt}}} H$$

A.（1）（2）（3）　　　B.（2）（3）

C.（3）（4）　　　　　D.（2）（4）

四、填空题

1. 具有 _____ _____ 性质的物质称为旋光性物质。

2. 让自然光通过一个尼科尔棱镜，则通过棱镜的光就转变为只在某个平面上振动的光，这种光称为 _____。

偏振光振动的平面称为 _____。

3. 物质旋光度的大小除了与物质的分子结构有关外，还随测定时所用溶液的浓度、_____、_____、光的波长以及 _____ 等而改变。

4. 在一定温度下，光的波长一定时，以 1mL 中含有 1g 溶质的溶液，放在 1dm 长的盛液管中测出的旋光度称 _____。

五、简答题

酸奶是现代人生活中常用的食品。酸牛奶中的乳酸是外消旋乳酸，人体肌肉中的乳酸是右旋乳酸，由葡萄糖经乳酸杆菌发酵而产生的乳酸是左旋乳酸。请写出乳酸的两种对映异构体的投影式，并分别用 D、L 和 R、S 标记法命名。

六、计算题

将 500mg 的可的松溶解在 100mL 的乙醇中，在 25cm 的测定管中测得的旋光度是 +2.16°，请计算可的松的比旋光度。

第 5 章 烃的含氮衍生物

烃的含氮衍生物又称含氮有机化合物,是分子中含有 C—N 键的有机化合物。这类化合物广泛存在于自然界。例如,叶绿素属于含氮杂环化合物,人工颜料或色素属于偶氮化合物,TNT 炸药属于硝基化合物;临床上许多药物如对乙酰氨基酚、盐酸普鲁卡因等属于芳香胺类化合物;生命体中如激素、维生素、神经递质、蛋白质、核酸等也属于含氮有机化合物。本章着重讨论胺类、酰胺类、重氮及偶氮化合物。

第 1 节 胺类有机化合物

一、 胺的结构、分类和命名

 案例 5-1

苯 胺 中 毒

某乡办精细化工厂增白剂车间,操作工黄某在打开原料苯胺的容器桶时,气体冲出,对黄某立即用水冲洗,并送入院,黄某表现出的主要症状为发绀,被诊断为急性苯胺中毒。

问题:1. 苯胺属于哪类有机化合物? 认识苯胺的结构简式并判断其类型。

2. 引起苯胺中毒的方式有哪些? 中毒后的症状有哪些?

(一)胺的结构特征

观察图 5-1 中氨气、甲胺、三甲胺的球棍式结构,根据球棍式结构认识它们的结构式或结构简式。

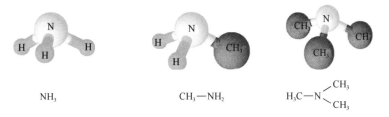

NH_3 $CH_3{-}NH_2$ $H_3C{-}N{\big\langle}^{CH_3}_{CH_3}$

图 5-1 氨气、甲胺、三甲胺分子的球棍式结构与分子结构简式

通过观察上述结构,可以看出,**胺**是氨分子中的氢原子被烃基取代后所生成的一类化合物。

胺的结构通式有如下三种:

$$R(Ar){-}NH_2 \qquad (Ar)R{-}NH{-}R_1(Ar) \qquad \underset{\underset{R_2(Ar_2)}{|}}{(Ar)R{-}N{-}R_1(Ar)}$$

伯胺   仲胺   叔胺

伯、仲、叔胺的官能团分别为氨基(—NH₂)、亚氨基(—NH—)、次氨基(ㅡN—)。许多药物的分子中都含有氨基或取代氨基。

(二) 胺的分类

根据氮原子上所连烃基的个数不同,胺可分为伯胺、仲胺和叔胺三类。

伯胺是氮原子上连有一个烃基的胺。例如:

$$CH_3—NH_2 \qquad CH_3CH_2—NH_2$$

仲胺是氮原子上连有两个烃基的胺。例如:

$$CH_3—NH—CH_3 \qquad CH_3CH_2—NH—CH_2CH_3$$

叔胺是氮原子上连有三个烃基的胺。例如:

$$CH_3—\overset{\underset{|}{CH_3}}{N}—CH_3 \qquad CH_3CH_2—\overset{\underset{|}{CH_2CH_3}}{N}—CH_2CH_3$$

根据胺分子中氮原子所连烃基的种类不同,胺可分为脂肪胺和芳香胺。

脂肪胺是氮原子直接与脂肪烃基相连的化合物。例如:

$$CH_3—NH_2 \qquad CH_3—NH—CH_2CH_3$$

芳香胺是氮原子直接与芳香烃基相连的化合物。例如:

氢氧化铵(NH₄OH)和铵盐(如 NH₄Cl)的四烃基取代物分别称为季铵碱和季铵盐。

$$R_4N^+OH^- \qquad\qquad\qquad R_4N^+X^-$$
$$\text{季铵碱} \qquad\qquad\qquad\qquad \text{季铵盐}$$

上述季铵碱和季铵盐分子中的烃基 R 可以相同,也可以不同,X 代表卤素离子或者酸根离子。

(三) 胺的命名

1. 简单伯胺的命名

以胺为母体,烃基作为取代基,称为"某胺"。例如:

甲胺   苯甲胺   环己胺
(脂肪伯胺)   (芳香伯胺)   (脂环胺)

2. 脂肪仲胺和叔胺的命名

以胺为母体,若烃基相同,先写出连在氮原子上相同烃基的数目和名称,再在烃基名称后面加"胺"字,称为"二某胺"或"三某胺"。若与氮原子相连的烃基不相同,则按"优先基团后列出"的原则排列烃基,称为"某某胺"或者"某某某胺"。例如:

$$CH_3—NH—CH_3 \qquad CH_3—\overset{\underset{|}{CH_3}}{N}—CH_3$$

二甲胺   三甲胺   二苯胺
(脂肪仲胺)   (脂肪叔胺)   (芳香仲胺)

$$CH_3—NH—CH_2CH_3 \qquad CH_3—N—CH_3 \qquad CH_3—N—CH_2CH_2CH_3$$
$$\qquad\qquad\qquad\qquad\qquad CH_2CH_3 \qquad\qquad\qquad\qquad CH_2CH_3$$

甲乙胺 　　　　　　二甲乙胺 　　　　　　甲乙丙胺

（脂肪仲胺）　　　　　（脂肪叔胺）　　　　　（脂肪叔胺）

3. 氮原子上连有脂肪烃基的芳香仲胺和叔胺的命名

在芳香胺中，如果氮原子上连有脂肪烃基，命名时以芳香胺作为母体，烃基作为取代基并在烃基的名称前加符号"N"或"N,N-"以表示烃基与氮相连。例如：

N-甲基苯胺　　　　　　N,N-二甲基苯胺　　　　　　N-甲基-N-乙基苯胺

（芳香仲胺）　　　　　　（芳香叔胺）　　　　　　（芳香叔胺）

4. 复杂胺的命名

以烃为母体，氨基作为取代基。例如：

$$CH_3—CH—CH_2—CH_3 \qquad\qquad CH_3—CH—CH_2—CH—CH_3$$
$$\qquad NH_2 \qquad\qquad\qquad\qquad\qquad NH_2 \qquad\quad CH_3$$

2-氨基丁烷　　　　　　　　2-甲基-4-氨基戊烷

5. 季铵盐和季铵碱的命名

它们的命名方法与"铵"的无机盐、无机碱的命名相似，在"铵"字前加上每个烃基的名称即可。例如，NH_4Br 命名为溴化铵，则 $[(CH_3)_4N]^+Br^-$ 命名为溴化四甲铵，$[(CH_3CH_2)_2NH_2]^+Cl^-$ 命名为氯化二乙铵［若将氯化二乙铵书写成 $(C_2H_5)_2NH \cdot HCl$，也可以命名为二乙胺盐酸盐］。

再如，NH_4OH 命名为氢氧化铵，相似地，$[(CH_3)_2N(C_2H_5)_2]^+OH^-$ 命名为氢氧化二甲基二乙铵。

即时练

运用系统命名法给下列化合物命名，并指出各种胺的种类。

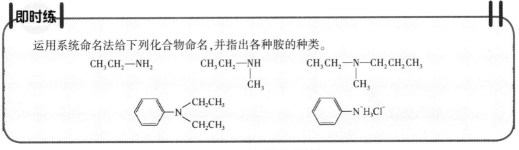

二、 胺的理化质性

【物理性质】 低级脂肪胺，如甲胺、二甲胺、三甲胺和乙胺等，在常温下是无色气体；丙胺至十一胺是易挥发性液体，气味与氨相似，有鱼腥味；十一胺以上为固体。

胺都能与水形成氢键，因此低级（6 个碳原子以下）的伯、仲、叔胺都有较好的水溶性，但随着相对分子质量的增加，其水溶性迅速降低。

芳香胺是无色高沸点的液体或低熔点的固体，其气味虽然不如脂肪胺大，但毒性较大。例如，苯胺可以通过消化道、呼吸道或经皮肤吸收而引起严重中毒，使用时应特别当心。

【化学性质】 胺类是氨分子中的氢原子被取代的化合物，因此其性质与氨分子相似。

1. 胺的碱性

与氨相似,胺能接受水中的氢离子,使水溶液呈弱碱性。

$$NH_3 + H_2O \rightleftharpoons NH_4^+ + OH^-$$

$$RNH_2 + H_2O \rightleftharpoons RNH_3^+ + OH^-$$

水溶液中,不同胺的碱性强弱顺序的一般规律如下:

脂肪胺(仲胺>伯胺>叔胺)>氨>芳香胺(芳香伯胺>芳香仲胺>芳香叔胺)

即时练

在水溶液中,甲胺、二甲胺、三甲胺、氨、苯胺的碱性强弱顺序为

_____>_____>_____>_____>_____

2. 胺的成盐反应

胺是弱碱,可与强酸发生中和反应生成稳定的盐而溶于水中,该盐溶液与强碱作用时,胺又能重新游离析出。实验室中,常利用这一性质来分离和提纯胺类化合物。例如:

$$\text{不溶于水} \xrightarrow{HCl} \text{溶于水} \left(\text{或} \right) \xrightarrow{NaOH} \text{不溶于水}$$

链 接

难溶于水的胺类药物的制备方法

含有氨基、亚氨基或次氨基的药物一般难溶于水,在制药过程中,常常利用胺的成盐反应将这些药物变成可溶于水的盐,以供药用。例如,局部麻醉药普鲁卡因在水中的溶解度较小,所以常把它制成盐酸普鲁卡因,成盐后易溶于水,便于制成注射液。同时将胺类药物制成盐后,就不再具有胺的难闻气味,性质也较稳定了。

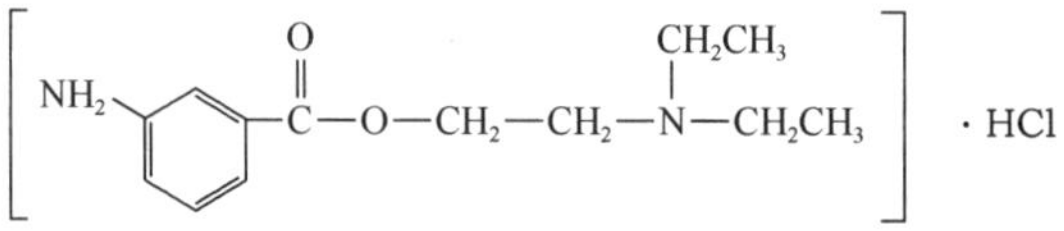

盐酸普鲁卡因

3. 胺的酰化反应

伯胺、仲胺能与酰卤、酸酐反应生成酰胺,反应的实质是胺分子中氮原子上的氢被酰基所取代。叔胺氮上没有氢原子,所以不能发生酰基化反应。

乙酰氯   乙酰苯胺

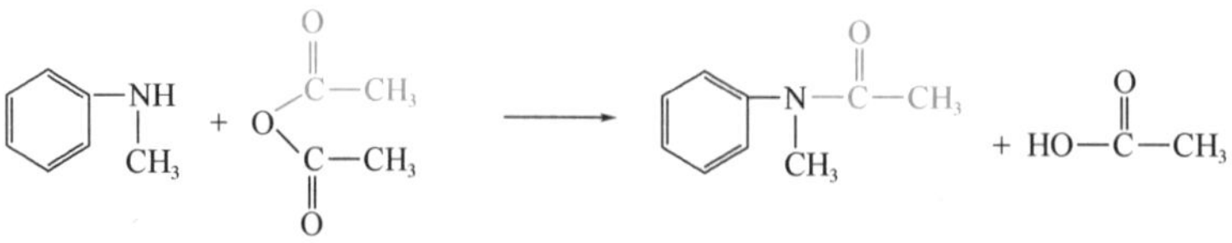

乙酸酐   N-甲基乙酰苯胺

由于酰胺在酸或碱的催化下水解能除去酰基生成氨基,所以在有机合成中常用酰基化反应来保护氨基。例如,对氨基苯甲酸的合成路线为

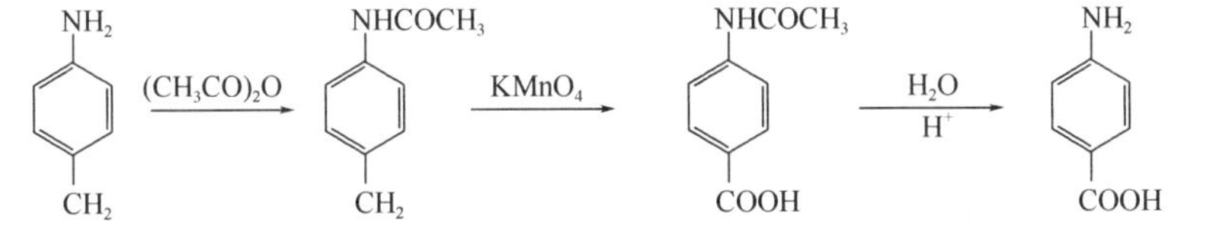

对甲基苯胺　　　对乙酰氨基甲苯　　　　对乙酰氨基苯甲酸　　　　对氨基苯甲酸

链　接

酰化反应在药物合成上的应用

利用酰化反应可以在药物分子的芳香胺基上引入酰基,可降低药物的毒性,提高药物的药效。例如,在对氨基苯酚分子中引入酰基可制得对羟基乙酰苯胺,它是一种很好的解热镇痛药,药物名称为扑热息痛。

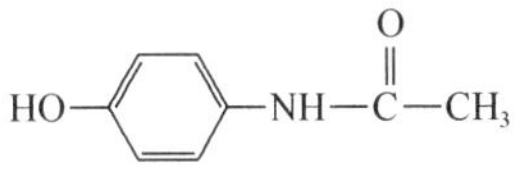

对羟基乙酰苯胺(扑热息痛)

4. 胺的磺酰化反应

伯胺或仲胺能与苯磺酰氯或对甲苯磺酰氯等磺酰化试剂反应,该类反应与酰化反应一样,是伯胺或仲胺氮原子上的氢被磺酰基($R—SO_2—$)取代而生成相应的苯磺酰胺。该反应须在氢氧化钠或氢氧化钾溶液中进行。例如:

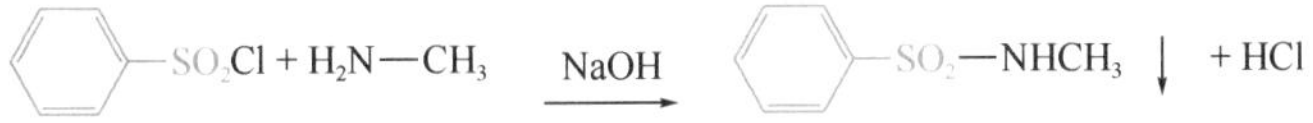

苯磺酰氯　　　　伯胺　　　　　　　　　　苯磺酰伯胺

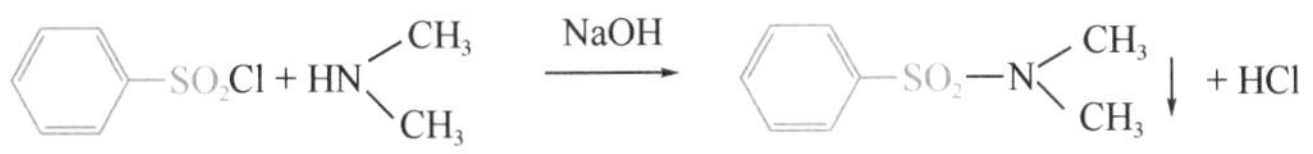

苯磺酰氯　　　　仲胺　　　　　　　　　　苯磺酰仲胺

伯胺生成的苯磺酰伯胺氮原子上的氢受磺酸基影响,具有弱酸性,能与氢氧化钠作用生成盐而溶于水中;仲胺生成的苯磺酰仲胺,氮原子上无氢原子,不与氢氧化钠发生成盐反应,呈固体析出;叔胺氮原子上无氢原子,不能与磺酰氯反应。因此可利用磺酰化反应来分离和鉴别伯、仲、叔胺。该反应称为**兴斯堡(Hinsberg)反应**。

5. 胺与亚硝酸反应

胺与亚硝酸都能发生反应,但不同的胺与亚硝酸反应的产物不相同。叔胺与亚硝酸反应的产物较复杂,这里只讨论伯胺和仲胺与亚硝酸的反应。反应时,由于亚硝酸不稳定,易分解,因此一般用亚硝酸钠与盐酸作用生成亚硝酸。

(1)脂肪伯胺的反应

脂肪伯胺与亚硝酸反应,定量放出氮气,同时生成醇、烯烃等混合物。因此根据产生

的氮气的体积测定伯胺基的含量。该反应也常用于氨基酸和多肽的定量分析。

$$R{-}NH_2 \xrightarrow{NaNO_2+HCl} RCl + ROH + 烯 + N_2\uparrow$$

 **链　接**

氨基酸类药品的检测

在室温下氨基酸能与亚硝酸反应,生成氮气,通过在标准条件下测定生成的氮气的体积,就可计算出氨基酸的含量。该方法称为范斯莱克氨基测定法,利用这一方法可对氨基酸类药品进行检测。

（2）芳香伯胺的反应

芳香伯胺与亚硝酸在低温(0~5℃)及强酸(如 HCl)水溶液中反应,生成芳香重氮盐,该反应称为**重氮化反应**。该反应能够定量进行,在药物分析中,用于定量分析药物含量;重氮盐不稳定,加热时能水解为酚类并定量放出氮气。

$$\text{（芳香伯胺）}{-}NH_2 \xrightarrow[0\sim5℃]{NaNO_2+HCl} \text{（）}{-}N_2^+Cl^- \xrightarrow[\triangle]{H_2O} \text{（）}{-}OH + N_2\uparrow + HCl$$

重氮盐

（3）仲胺的反应

脂肪仲胺和芳香仲胺都能与亚硝酸反应生成黄色油状液体 *N*-亚硝基胺。例如:

$$CH_3CH_2{-}\underset{\underset{CH_2CH_3}{|}}{N}H \xrightarrow{NaNO_2+HCl} CH_3CH_2{-}\underset{\underset{CH_2CH_3}{|}}{N}{-}N{=}O + H_2O$$

二乙胺 　　　　　　　　　　　　 *N*-亚硝基二乙胺

$$\text{（）}{-}\underset{\underset{CH_3}{|}}{N}H \xrightarrow{NaNO_2+HCl} \text{（）}{-}\underset{\underset{CH_3}{|}}{N}{-}N{=}O + H_2O$$

N-甲基苯胺 　　　　　　　　　　 *N*-亚硝基-*N*-甲基苯胺

 案例 5-2

亚硝基胺的危害

亚硝基胺就是指 *N*-亚硝基化合物,是一类致癌性很强的化学物质,在已研究发现的 200 多种 *N*-亚硝基化合物中,有 80% 以上对动物有致癌性,可诱发动物多种器官的癌瘤。食品防腐剂中的亚硝酸盐,以及天然存在的硝酸盐还原为亚硝酸盐后,能在胃肠道与仲胺生成亚硝基胺,所以,亚硝酸盐、硝酸盐和能发生亚硝基化的胺类化合物进入人体后,将对人体的健康存在潜在的危险。

问题:1. 亚硝基胺是如何产生的?
　　　2. 查询资料后,说说生活中哪些食品含有亚硝酸和亚硝基胺。

三、季铵盐和季铵碱

氮原子上连有四个烃基的离子型化合物称为季铵类化合物,季铵类化合物分为季铵盐和季铵碱。

季铵盐可以看作是铵盐中 NH_4^+ 的四个氢全部被烃基取代后所生成的化合物。季铵盐属于离子型化合物,具有类似于盐的性质,一般为晶体,易溶于水,不溶于乙醚等非极性溶剂。

在自然界中存在的季铵盐一般都具有生物活性,季铵盐主要作为阳离子表面活性剂,具有去污、杀菌、消毒等功效;有些季铵盐也可做医药、农药以及化学反应中的相转移催化剂等。

季铵碱可以看作是氢氧化铵 NH_4OH 分子中的四个氢全被烃基取代后所生成的化合物。分子结构中的四个烃基可以相同,也可以不同。季铵碱也属于离子型化合物,一般为结晶性固体,易溶于水,不溶于有机溶剂,具有强碱性,碱性与氢氧化钠相当。

📚 **链 接**

消毒剂——新洁尔灭

新洁尔灭是一种阳离子表面活性剂,属于季铵盐类化合物,特点是水溶性好,在酸、碱溶液中都较稳定,具有良好的表面活性作用和杀菌作用。临床上常用于皮肤、黏膜、创面、手术器械和术前消毒。

四、 常见含氮有机化合物

(一) 苯胺

苯胺(⬡—NH₂)是最简单的芳香胺,最初是从煤焦油中分离得到,所以又称阿尼林油。纯净的苯胺是无色油状液体,有特殊气味,熔点为−6.2℃,沸点为184℃,微溶于水,易溶于有机溶剂。苯胺有剧毒,吸入蒸气或经皮肤吸收都会使人中毒。例如,当苯胺在空气中的浓度达到百万分之一时,会使人在几个小时后出现中毒症状,表现为头晕、皮肤苍白和四肢无力。苯胺是合成药物和染料的一种重要原料。例如,在农药工业上用于生产许多杀虫剂、杀菌剂如 DDV、除草醚、毒草胺等;在医药上可作为磺胺药的原料;在染料工业中是最重要的中间体之一。此外还用作炸药中的稳定剂、汽油中的防爆剂等。

苯胺与溴水反应,立即生成 2,4,6-三溴苯胺白色沉淀。反应式如下:

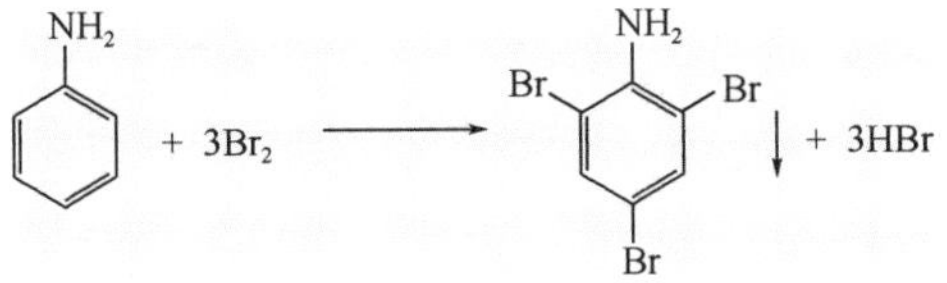

化学反应现象如彩图 5-1 所示。此反应非常灵敏且能定量进行,因此可用于苯胺的鉴别和定量分析。

(二) 乙二胺和 EDTA

乙二胺($H_2NCH_2CH_2NH_2$)是最简单的二元胺,又称为 1,2-二氨基乙烷。它是无色黏稠液体,易溶于水和乙醇。乙二胺为强碱,与酸能发生成盐反应。

乙二胺是一种重要的试剂和化工原料,可用作环氧树脂的固化剂,也广泛用于制造药物、乳化剂、离子交换树脂及农药等。例如,以乙二胺为原料生成的乙二胺四乙酸二钠就是分析化学上一种常用的配位滴定剂,简称为 EDTA 或 EDTA 二钠盐,能与大多数金属离子形成稳定的配合物,在药物分析化学上常用于金属离子的含量测定。乙二胺四乙酸二钠($EDTA-Na_2$)和乙二胺四乙酸二钾($EDTA-K_2$)是临床检验工作中常用的抗凝剂。

EDTA 二钠盐

（三）胆碱和乙酰胆碱

胆碱是人体中存在的一种季铵碱,化学名为氢氧化三甲基-2-羟基乙胺。因为最初是在胆汁中发现的而得名,其结构如下所示:

氢氧化三甲基-2-羟基乙胺(胆碱)

胆碱在人体内与脂肪代谢相关,临床上可以用来治疗肝炎、肝中毒等疾病。另外,在各种细胞中胆碱也常以结合状态存在。胆碱与乙酰基反应的产物称为乙酰胆碱,是一种具有显著生理作用的神经传导物质。

乙酰胆碱

📚 **链 接**

肾上腺素和去甲肾上腺素

去甲肾上腺素是肾上腺素分子中氮原子去掉一个甲基所得到的。两者都含有手性碳,属于手性分子,有一对对映异构体。在临床上,左旋肾上腺素主要用于治疗支气管哮喘、过敏性休克以及心脏骤停后重新起搏等,因为它有收缩血管、舒张支气管、兴奋心脏的作用。左旋去甲肾上腺素也有收缩血管、升高血压的作用。在临床上主要用于治疗外周血液循环功能衰退引起的低血压。

肾上腺素   去甲肾上腺素

🩺 目标检测

一、简答题

1. 写出 $C_5H_{13}N$ 的脂肪胺的所有同分异构体的构造式,并指出是伯、仲、叔胺中的哪种类型?

2. 比较下列物质的碱性,按从强到弱排列下列化合物。
   甲胺、甲乙胺、氨、甲乙丙胺、苯胺、*N*-甲基苯胺、*N*,*N*-二甲基苯胺

二、写出下列物质的官能团名称,并用系统命名法给下列物质命名

1. $CH_3CH_2CH_2—NH_2$

2. $CH_3CH_2—NH—CH_2CH_3$

3.

4.

5. CH_3—$\underset{\underset{NH_2}{|}}{CH}$—$CH_3$

三、写出下列化合物的结构简式

1. 邻甲基苯胺   2. 叔丁基胺

3. 甲乙胺

四、选择题

1. 下列化合物为叔胺的是(   )。

A. CH_3—$\underset{\underset{CH_3}{|}}{\overset{\overset{CH_3}{|}}{C}}$—$NH_2$ B. CH_3—$\underset{\underset{CH_2CH_3}{|}}{N}$—$CH_3$

C. CH_3—$\underset{\underset{CH_3}{|}}{CH}$—$NH_2$ D. CH_3—NH—CH_2CH_3

2. 甲胺的官能团是(   )。

A. 甲基   B. 氨基

C. 次氨基   D. 亚氨基

3. 能与乙酰氯作用的胺是(   )。

A. 甲乙胺   B. 二甲乙胺

C. N,N-二甲基苯胺   D. 甲乙丙胺

4. 下列化合物属于芳香族伯胺的是(   )。

A. ⬡—NH_2 B. ⬡—CH_2NH_2

C. ⬠—NH_2 D. CH_3—NH_2

5. 下列化合物不属于仲胺的是(   )。

A. 甲乙胺   B. 二甲乙胺

C. N-乙基苯胺   D. 乙丙胺

6. 能与苯胺发生酰化反应的物质是(   )。

A. 甲胺   B. 乙酸酐

C. 苯酚   D. 溴水

7. 下列物质显弱碱性的是(   )。

A. 甲胺   B. 乙酸酐

C. 苯酚   D. 乙醇

8. 关于苯胺性质的叙述错误的是(   )。

A. 易被空气中的氧气氧化

B. 吸入其蒸气会使人中毒

C. 能与酸酐反应生成酰胺

D. 能与溴水作用产生白色沉淀

五、填空题

1. 能与苯磺酰氯发生反应的胺有_____和

_____。

2. 胺和氨相似,其水溶液呈_____性(填"酸或

碱"),其碱性强弱规律是_____。

3. 胆碱属于_____类物质。

六、完成下列化学反应式

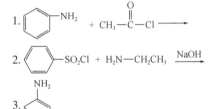

七、用化学方法鉴别下列有机化合物

1. 用化学方法鉴别甲胺、二甲胺、三甲胺

2. 用化学方法鉴别苯酚、苯胺、N-甲基苯胺

第2节 酰胺类有机化合物

案例 5-3

油炸食品与丙烯酰胺

丙烯酰胺可经皮肤、消化道、呼吸道等多种途径进入人体,其是一种常见的具有神经毒性和致癌性的工业毒物。近些年的研究发现,淀粉类食物如红薯、马铃薯、油条等,经过油脂高温炸熟之后,含有较高含量的丙烯酰胺,而相应的生马铃薯原料与煮熟马铃薯中则不含丙烯酰胺。食品中的丙烯酰胺是富含碳水化合物和氨基酸的食物经高温加热发生化学反应而产生的。

问题:1. 什么是酰胺类有机化合物?

2. 写出丙烯酰胺的结构简式,它有哪些官能团?

一、酰胺的结构特征与命名

（一）酰胺的结构特征

从结构上看,酰胺是 NH_3 或胺分子中 N 上的 H 被酰基($R-\overset{O}{\underset{\|}{C}}-$)取代后所生成的产物。酰胺也可以看作是羧酸分子中羧基的羟基被氨基($-NH_2$)或($-NHR$ 、 $-NR_2$)所取代后生成的化合物。其结构通式如下:

$$R-\overset{O}{\underset{\|}{C}}-NH_2 \qquad R-\overset{O}{\underset{\|}{C}}-NHR_1 \qquad R-\overset{O}{\underset{\|}{C}}-N\overset{R_1}{\underset{R_2}{\diagdown}}$$

酰胺　　　　　　　　　　N-取代酰胺　　　　　　　　　　N,N-取代酰胺

其中,R 可以代表 H 原子、脂肪烃基或芳香烃基; R_1 , R_2 代表烃基,它们与 R 可以相同,也可以不同。

（二）酰胺的命名

1. 简单酰胺的命名

氮原子上没有烃基的简单酰胺,可根据氨基($-NH_2$)上所连的酰基名称来命名,称为"某酰胺"。例如:

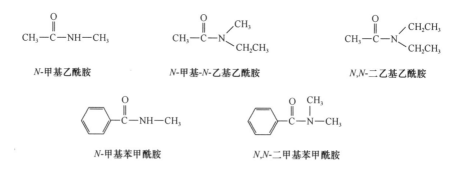

甲酰胺　　　　　　　　　乙酰胺　　　　　　　　　　苯甲酰胺　　　　　　　　乙酰苯胺

2. 氮原子上连有烃基的酰胺的命名

将烃基的名称写在某酰胺之前,并在烃基前加"N-"或"N,N-"以表示烃基连在氮原子上。例如:

N-甲基乙酰胺　　　　　　　N-甲基-N-乙基乙酰胺　　　　　　　　N,N-二乙基乙酰胺

N-甲基苯甲酰胺　　　　　　　　　　N,N-二甲基苯甲酰胺

二、 酰胺的理化性质

【物理性质】 酰胺中除甲酰胺外均为良好结晶体,有固定的熔点。酰胺能与水形成分子间氢键,所以低级酰胺可溶于水。其中,N,N-二甲基甲酰胺(DMF)能与水、多数无机溶液以及许多有机溶剂混溶,是一种性能优良的非质子极性溶剂。

【化学性质】

1. 酸碱性

酰胺是近中性的化合物。

2. 水解反应

酰胺可在酸、碱或酶的作用下发生水解反应,生成羧酸(盐)、铵或胺(氨气)。

$$R-\overset{\overset{\displaystyle O}{\|}}{C}-NH_2 + H_2O \begin{cases} \xrightarrow[\triangle]{HCl} R-COOH+NH_4Cl \\ \xrightarrow[\triangle]{NaOH} R-COONa+NH_3\uparrow \\ \xrightarrow{酶} R-COOH+NH_3\uparrow \end{cases}$$

3. 与亚硝酸反应

酰胺与亚硝酸反应生成相应的羧酸,同时放出氮气。

$$R-\overset{\overset{\displaystyle O}{\|}}{C}-NH_2 + HNO_2 \longrightarrow R-COOH+N_2\uparrow+H_2O$$

案例5-4

β-内酰胺类抗生素及应用

β-内酰胺类(β-lactams)抗生素是指化学结构中具有β-内酰胺环的一大类抗生素,包括临床最常用的青霉素和头孢菌素,以及新合成的头霉素类、硫霉素类、单环β-内酰胺类等其他非典型β-内酰胺类抗生素。这类抗生素具有杀菌活性强、毒性较低、适应证广及临床疗效好的优点。β-内酰胺类药物在近中性(pH=6~7)溶液中较为稳定,在酸性、碱性溶液或水溶液中均易使β-内酰胺环开环生成β-氨基丙酸,失去抗菌活性。所以输液时一般选用生理盐水做溶媒。

$$\overset{\underset{\displaystyle O}{\|}}{\square}NH \longrightarrow H_2NCH_2CH_2COOH$$

问题:1. 为什么临床上使用的青霉素是粉针剂,且需现配现用?

2. 临床上用青霉素输液时,一般用生理盐水配制,为什么?

三、 常见酰胺类化合物

(一) 尿素

尿素简称为脲,结构式为 $H_2N-\overset{\overset{\displaystyle O}{\|}}{C}-NH_2$,从结构上看是碳酸中的两个羟基被两个氨基取代后生成的二酰胺,它是哺乳动物对于含氮食物的代谢产物。成年人每天排出的尿液中含有约 30g 的尿素。

药用的尿素注射液对降低颅内压及眼内压有显著疗效,常用于治疗急性青光眼和脑外伤引起的脑水肿等疾病。

(二) 巴比妥

尿素与丙二酰氯(或丙二酸二乙酯)发生反应可生成丙二酰脲。丙二酰脲在水溶液中存在两种结构,即酮式和烯醇式,其结构简式分别如下:

酮式 ⇌ 烯醇式

烯醇式结构的酸性比乙酸还强,因此称为**巴比妥酸**。巴比妥酸自身无药学作用,但其亚甲基上的两个氢原子被烃基取代后得到的衍生物具有不同程度的安眠、镇静作用,是一类作用于中枢神经系统的镇静剂,总称巴比妥药物。巴比妥药物的结构通式为

巴比妥类药物通常为白色结晶或结晶性粉末状固体,微溶或难溶于水,易溶于有机溶剂。随着剂量的不同,其药用范围可以从轻度镇静到完全麻醉,还能用作抗焦虑药、抗痉挛药和安眠药,长期使用会导致成瘾。目前,巴比妥类药物在临床上已很大程度上被苯二氮䓬类药物所替代,因为后者过量服用后的副作用远小于巴比妥类药物。但在全身麻醉或在癫痫治疗中仍会使用巴比妥类药物。目前常见的巴比妥类药物有巴比妥、苯巴比妥、异戊巴比妥、司可巴比妥、硫喷妥等。

链 接

苯巴比妥的药理作用

苯巴比妥是长效巴比妥类的典型代表。在临床上用作镇静催眠药、抗惊厥药。主要用于治疗焦虑、失眠(针对睡眠时间短早醒患者)、癫痫及运动障碍。它也是治疗癫痫大发作及局限性发作的重要药物。同时还可用作抗高胆红素血症药及麻醉前用药。用药时要注意控制剂量,因为大剂量对心血管系统、呼吸系统有明显的抑制,过量可麻痹延髓呼吸中枢而致死。

苯巴比妥

目 标 检 测

一、名词解释

1. 酰胺   2. 巴比妥酸

二、简答题

1. 酰胺的官能团是什么? 请写出酰胺的三种结构通式。

2. 简述尿素注射液的药学作用。

三、写出下列各化合物的结构简式

1. N-甲基乙酰胺   2. 乙酰胺

3. N-甲基苯甲酰胺

四、用系统命名法给下列化合物命名

1. $CH_3CH_2-\overset{\overset{\displaystyle O}{\|}}{C}-NH-CH_3$

2. $H_3C-\overset{\overset{\displaystyle O}{\|}}{C}-N\overset{\displaystyle CH_2CH_3}{\underset{\displaystyle CH_2CH_3}{}}$

3. $\overset{\overset{\displaystyle O}{\|}}{C}-NH-CH_2CH_3$ (苯基)

4. $\overset{\overset{\displaystyle O}{\|}}{C}-N\overset{\displaystyle CH_3}{\underset{\displaystyle CH_2CH_3}{}}$ (苯基)

五、选择题

1. 下列结构属于酰胺化合物的是(   )。

A. $\overset{\overset{\displaystyle O}{\|}}{C}-NH-CH_3$ ($N-CH_3$, CH_3)   B. $NH-CH_2CH_3$

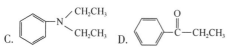

C. D.

2. 通式为 $RCONH_2$ 的有机化合物属于下列哪类化合物( )。
   A. 胺   B. 酚
   C. 酰胺   D. 醚

3. 对于物质 命名正确的是( )。
   A. 苯胺   B. 苯酚
   C. 乙酰苯胺   D. 对羟基乙酰苯胺

4. 下列不属于酰胺化学性质的是( )。
   A. 能发生水解反应
   B. 能与亚硝酸反应
   C. 是近中性的化合物
   D. 能发生重氮化反应

5. 能发生水解反应的物质是( )。
   A.
   B. $CH_3—NH—CH_2CH_3$
   C.
   D.

6. 下列属于苯巴比妥的是( )。
   A.
   B.
   C.
   D.

六、填空题

1. 从结构上看,酰胺是_____或_____分子中 N 上的 H 被_____取代后所生成的产物。也可以看作是羧酸分子中羧基的羟基被_____所取代后生成的化合物。

2. 酰胺呈_____性,尿素属于_____,简称____ _____,其结构式为_____。

3. 酰胺与_____反应生成相应的羧酸,同时放出_____。

七、完成下列化学反应式

1. $H_3C—\overset{O}{\overset{\|}{C}}—NH_2$ +H_2O $\xrightarrow[\triangle]{HCl}$

2. $CH_3CH_2—\overset{O}{\overset{\|}{C}}—NH_2$ +HNO_2 ⟶

八、用化学方法鉴别下列有机化合物

二乙胺、乙酰胺、苯胺

第 3 节 重氮和偶氮化合物

重氮和偶氮化合物分子中都含有氮氮重键(—N_2—)官能团。

一、 重氮化合物概念

—N_2—基团的一端与烃基相连,另一端与非碳原子或原子团相连的化合物,称为**重氮化合物**。官能团 —$N^+\!\!\equiv\!\!N$ 称为重氮基。

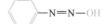

氢氧化重氮苯   氯化重氮苯

二、 偶氮化合物概念

—N≡N— 基团的两端都与烃基相连的化合物称为**偶氮化合物**。官能团 —N≡N— 称为偶氮基。

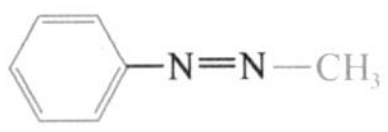

甲基偶氮苯 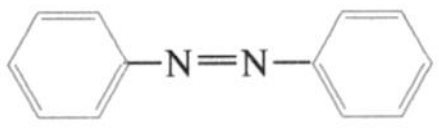   偶氮苯 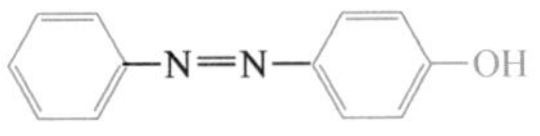   对羟基偶氮苯

三、 常见重氮和偶氮类化合物

(一) 重氮化合物

重氮化合物主要作为有机合成试剂和中间体,有些可用于癌症研究,如重氮尿嘧啶;有些在微电子工业中可作为光致抗蚀剂,如1-氧-2-重氮萘磺酸酯等。重氮化合物大多数有毒,有些对皮肤、黏膜等有刺激作用,如重氮甲烷、重氮乙酸乙酯。重氮化合物与碱金属接触或高温时可发生爆炸。

(二) 偶氮染料

偶氮化合物都有颜色,可以作为染料,称为**偶氮染料**。偶氮染料具有性质稳定、颜色多样、品种齐全、使用方便、价格低廉等特点,是印染工艺中应用最广泛的一类合成染料,多用于天然和合成纤维,以及皮革、橡胶等产品的染色和印花。

头发染色剂的色素成分也是偶氮染料。研究发现,偶氮染料残留的芳香胺可以通过皮肤接触对人体造成慢性伤害,甚至可以经过活化作用改变人体的 DNA 结构而引起病变和诱发癌症。

有些偶氮染料能使细菌染色,可用作染制切片的染色剂;有些偶氮染料能凝固蛋白质,临床上可利用它杀菌消毒。

(三) 常见的偶氮化合物

1. 甲基橙

甲基橙是一种常用的酸碱指示剂,在分析化学中常用作酸滴定碱的指示剂,其变色范围为 3.4~4.4。结构式如下:

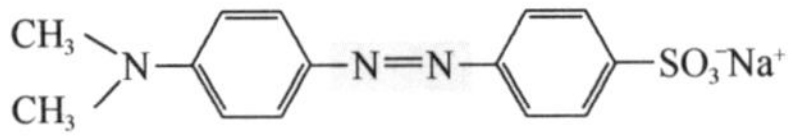

当溶液 pH>4.4 时,呈黄色;当溶液 pH<3.4 时,呈红色;当溶液 pH 为 3.4~4.4 时,则呈现橙色。

2. 刚果红

刚果红是一种粉红色粉末状固体,易溶于水和醇,不溶于醚,一般用作酸碱指示剂,其变色范围为 3.0~5.0,结构式如下:

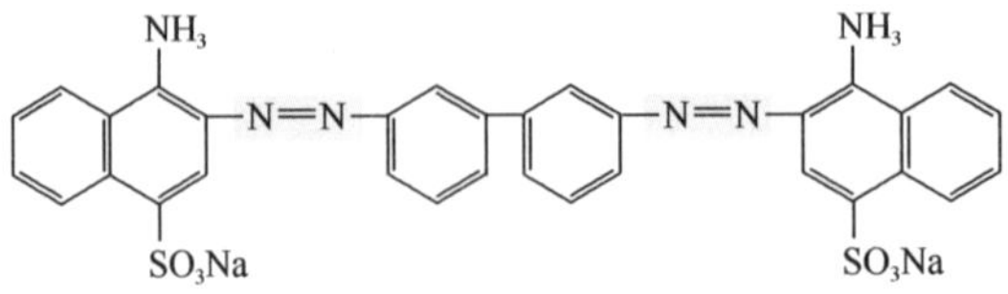

在 pH>5.0 的溶液中,溶液呈红色;在 pH<3.0 的强酸溶液中,溶液为蓝色,当溶液的 pH 为 3.0~5.0 时,溶液则变为紫色。

3. 苏丹红

苏丹红是一类溶剂染料的统称,通常称为脂肪染色剂,属于偶氮类化工染色剂。包括苏丹红Ⅰ、Ⅱ、Ⅲ、Ⅳ号 4 种,被广泛用于如溶剂、油、蜡、汽油的增色以及鞋、地板等的增光。研究表明,"苏丹红一号"具有致癌性,会导致鼠类患癌,它在人类肝细胞研究中也显现出可能致癌的特性。长期食用含"苏丹红"的食品,可能会使肝部 DNA 结构变化,导致肝部病症。因此,中国国家质量监督检验检疫总局规定严禁在食品中加入苏丹红。

 目标检测

一、自我小结填空

项目	内容
胺	伯胺结构通式:_____;伯胺官能团:_____; 仲胺结构通式:_____;仲胺官能团:_____; 叔胺结构通式:_____;叔胺官能团:_____; 季铵碱通式:_____
酰胺	结构通式:_____;酰胺的官能团:_____
重氮化合物	重氮化合物的官能团:_____
偶氮化合物	偶氮化合物的官能团:_____
胺的化学性质	1. 碱性:胺与强酸发生中和反应,生成_____; 2. 酰化反应:胺与酰卤、酸酐发生酰化反应,生成_____; 伯胺、仲胺与苯磺酰氯发生磺酰化反应,生成_____; $\bigcirc\!\!\!-SO_2Cl + H_2N\!-\!CH_3 \xrightarrow{NaOH}$ _____ $+ HCl$; $\bigcirc\!\!\!-SO_2Cl + HN\!\begin{smallmatrix}CH_3\\CH_3\end{smallmatrix} \xrightarrow{NaOH}$ _____ $+ HCl$; 脂肪伯胺与亚硝酸反应,定量放出_____,同时生成醇、烯烃等混合物; 芳香伯胺与亚硝酸反应,生成_____; 脂肪仲胺和芳香仲胺都能与亚硝酸反应生成_____
酰胺的化学性质	酰胺在一定条件下表现出微弱的_____性和_____性; 酰胺可发生水解反应,生成_____; $CH_3\!-\!\overset{\overset{O}{\|}}{C}\!-\!NH_2 + H_2O \xrightarrow[\triangle]{NaOH}$ _____; 酰胺与亚硝酸反应生成_____,放出_____
重要名词	重氮化反应:_____; 兴斯堡反应:_____

二、简答题

1. 重氮和偶氮化合物的官能团分别是什么?
2. 苏丹红能不能作为食品添加剂加入食品中?为什么?
3. 头发染色剂的色素成分是什么?哪些对人体伤害较大?

三、写出下列化合物的结构简式

1. 偶氮苯
2. 甲基偶氮苯
3. 氢氧化重氮苯

第 6 章 杂环化合物与生物碱

杂环化合物在自然界分布极其广泛,数量大,种类多,并且大都具有生理活性。例如,动物体内的血红素和核酸的碱基都是含氮杂环化合物,青霉素、组氨酸和色氨酸也含有杂环结构。生物碱多是天然药物的有效成分,通常都具有显著的生理活性。本章主要介绍杂环化合物的结构特征、分类、命名,常见杂环化合物及医药应用;生物碱的概念、理化性质,常见生物碱及医药应用。

 案例 6-1

青霉素

1929 年,英国微生物学家弗莱明发现青霉素的抑菌作用。1940 年,弗洛里和钱恩从青霉菌培养液中提取出青霉素晶体。1941 年,用青霉素治疗人类细菌感染取得成功。自此青霉素及其衍生产品,在人类医疗卫生中起着举足轻重的作用。

问题:1. 青霉素的结构是怎样的? 它的结构与它的稳定性有什么关系?

2. 为什么常用它的钠盐或者钾盐制成粉针剂?

第 1 节　杂环化合物

一、杂环化合物的结构特征

环状有机化合物中,构成环的原子除碳原子外,还含有其他非碳原子的化合物称为**杂环化合物**。环中的非碳原子称为**杂原子**,最常见的杂原子是氧、硫和氮。例如:

上述杂环化合物分子中具有与苯环相似的大 π 键结构,环系较稳定,这类杂环化合物常称为**芳香杂环化合物**。芳香杂环化合物氢化后可称为部分饱和或全饱和的**脂肪杂环化合物**。本章主要介绍芳香杂环化合物。

二、杂环化合物的分类

杂环化合物可分为单杂环和稠杂环两大类。最常见的单杂环是五元杂环和六元杂环。稠杂环是由苯环与单杂环或单杂环与单杂环稠合而成。

三、杂环化合物的命名

杂环母核的命名常用音译法,即按英文名称音译成带"口"字旁的同音汉字。表 6-1 是常见杂环母核的名称。

表 6-1　常见杂环化合物的结构、分类与命名

分类	含一个杂原子的杂环			含多个杂原子的杂环		
五元杂环	 呋喃 furan 	噻吩 thiophene 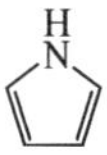	吡咯 pyrrole	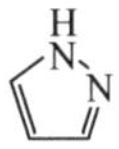 吡唑 pyrazole 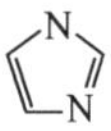	咪唑 imidazole 	噻唑 thiazole
六元杂环	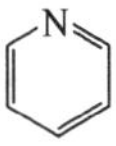 吡啶 pyridine 	吡喃 pyran		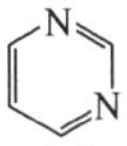 嘧啶 pyrimidine 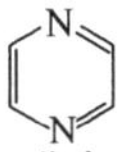	吡嗪 pyrazine 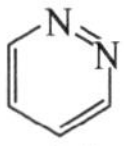	哒嗪 pyridazine
苯稠杂环	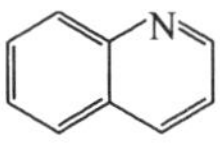 喹啉 quinoline 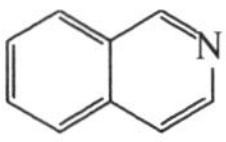	异喹啉 isoquinoline				
稠杂环	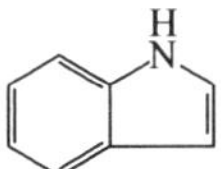 吲哚 indole			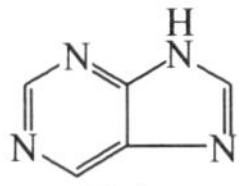 嘌呤 purine		

四、 常见杂环化合物

(一) 吡咯

吡咯()为无色液体,存在于煤焦油和骨焦油中,沸点为 $130 \sim 131℃$,有弱的苯胺气味,易溶于乙醇和乙醚,100g 水能溶解 6g 吡咯。吡咯的碱性极弱。吡咯在空气中易氧化,颜色迅速变深。

用浓盐酸浸过的松木片,遇吡咯蒸气显鲜红色,称为吡咯的松木片反应,常用于鉴定吡咯及其低级同系物。

吡咯的衍生物广泛存在于自然界。例如,叶绿素和血红素的基本结构由四个吡咯环通过四个次甲基交替连接构成。

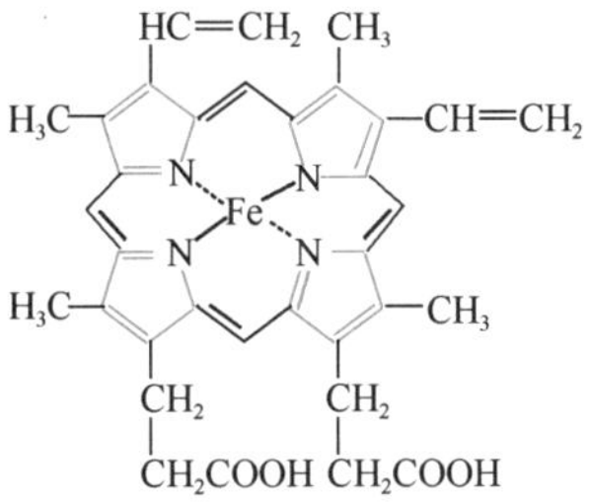

血红素

(二) 噻唑

噻唑()是无色有臭味的液体,沸点为 $117℃$,与水混溶。噻唑具有弱碱性。许多重要的药物(如维生素 B_1 、青霉素 G 等)都含有噻唑环。

青霉素G

由于青霉素分子中的β-内酰胺环是由 4 个原子组成,因此环上张力较大,易开环导致青霉素失活。青霉素是一种有机酸,微溶于水,临床上将其制成钠盐或钾盐,以增大其水溶性;青霉素水溶液在室温下易分解,因此临床上常使用其粉针剂。

（三）咪唑

咪唑()是无色晶体,熔点为 90~91℃,易溶于水和乙醇,具有碱性,能与强酸作用生成稳定的盐。组氨酸及其脱羧产物组胺、生物碱毛果芸香碱是咪唑的衍生物。含咪唑环的药物有抗真菌药克霉唑、抗阿米巴药、抗滴虫药和抗厌氧菌药甲硝唑等。

克霉唑　　　　　　　甲硝唑

（四）吡啶

吡啶()为无色液体,沸点为 115℃,有恶臭,有毒,能与水、乙醇、乙醚等混溶。吡啶对酸或碱稳定,对氧化剂也相当稳定。吡啶的衍生物有烟酸、烟酰胺、异烟肼等。

案例 6-2

维生素PP

维生素 PP 是吡啶的重要衍生物,包括烟酸和烟酰胺。抗结核病药异烟肼与维生素 PP 的结构相似,两者有拮抗作用,所以长期服用异烟肼者,应适当补充维生素 PP。

3-吡啶甲酸(烟酸)　　　3-吡啶甲酰胺(烟酰胺)　　　4-吡啶甲酰肼(异烟肼)

问题:1. 维生素 PP 属于何种杂环化合物?有何官能团?

2. 从结构上分析,为什么长期服用异烟肼者应适当补充维生素 PP?

（五）嘧啶

嘧啶()是无色结晶,熔点为 22℃,易溶于水,有弱碱性。嘧啶可以单独存在,也可以与其他环系稠合而存在于维生素、生物碱及蛋白质中。嘧啶的衍生物广泛存在于自然界。例如,核酸组成中的尿嘧啶、胞嘧啶和胸腺嘧啶都含有嘧啶环。合成药物磺胺嘧啶及磺胺增效剂甲氧苄啶也含有嘧啶环。

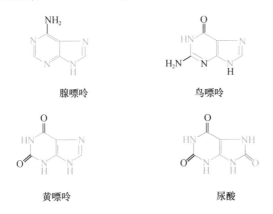

尿嘧啶   胞嘧啶   胸腺嘧啶

磺胺嘧啶

(六) 嘌呤

嘌呤(![嘌呤结构])为无色晶体,熔点为216~217℃,易溶于水及乙醇,可与强酸或强碱成盐。嘌呤本身并不存在于自然界,但它的衍生物广泛存在于动植物体中。例如,腺嘌呤和鸟嘌呤为核酸的碱基,黄嘌呤和尿酸存在于哺乳动物的尿和血液中。

腺嘌呤   鸟嘌呤

黄嘌呤   尿酸

案例 6-3

尿　酸

尿酸为白色结晶,难溶于水,有弱酸性,是哺乳动物体内嘌呤衍生物的代谢产物,人尿中仅含有少量。在嘌呤代谢发生障碍时,血和尿中尿酸增加,严重时形成尿结石;若尿酸沉积在软骨及关节处,则易导致"痛风"。

(七) 呋喃

呋喃(![呋喃结构])是无色易挥发液体,存在于松木焦油中,沸点为31.4℃,难溶于水,易溶于乙醇、乙醚等有机溶剂。呋喃的一种重要衍生物是2-呋喃甲醛,俗称糠醛。用稀酸处理米糠、玉米芯等,其中所含的戊多糖水解为戊糖,戊糖在酸的作用下进一步水解失水而生成糠醛。

呋喃的松木片反应显绿色,用于鉴定呋喃及其低级同系物。

作为药物的呋喃衍生物有呋喃西林(消毒防腐)、呋喃唑酮或称痢特灵(治肠炎)、呋呋坦啶(治膀胱炎、肾盂肾炎)和呋喃丙胺(治血吸虫病)等。

链 接

呋喃西林

呋喃西林为黄色结晶性粉末,无臭,味初淡,但有微苦的余味,日光下颜色渐深。临床上常用0.02%溶液剂或0.2%软膏剂进行外用消毒。

$$O_2N-\overset{O}{\underset{}{\bigcirc}}-CH=N-NH-\overset{O}{\underset{}{C}}-NH_2$$

问题:呋喃西林分子中有哪些官能团?杂环的名称是什么?

第2节 生 物 碱

一、 生物碱的概念

生物碱是一类存在于生物体内,对人和动物有强烈生理作用的含氮碱性有机化合物。这类化合物主要是从植物中提取的,所以又称为**植物碱**,生物碱多数是根据它的植物来源而命名。大多数生物碱含有氮杂环,也有少数非杂环的生物碱。

二、生物碱的理化性质

【物理性质】 绝大多数生物碱是无色或白色的结晶性固体,只有少数是液体或有颜色。

【化学性质】

1. 碱性

大多数的生物碱有碱性,能与酸成盐而溶解,若遇强碱,生物碱则从它的盐中游离出来,利用这一性质可提取或精制生物碱。

$$生物碱 \underset{OH^-}{\overset{H^+}{\rightleftharpoons}} 生物碱盐$$

（难溶于水） （易溶于水）

2. 沉淀反应

大多数生物碱能与一些试剂(指生物碱沉淀剂)如碘化汞钾、碘化铋钾等作用生成难溶性的沉淀。

3. 显色反应

生物碱大多能与浓硫酸、浓硝酸、甲醛等试剂发生颜色反应,可以利用这个性质检验生物碱。

三、 常见生物碱及医药应用

（一）烟碱

烟碱又名尼古丁,存在于烟叶中,属于吡啶类生物碱,为无色或微黄色油状液体,露置空气中渐变棕色,味辛辣,易溶于水和乙醇等。烟碱毒性很强,少量能刺激中枢神经,升高血压;大量则抑制中枢神经系统,使心脏停搏以致死亡。

即时练

观察尼古丁的结构:该化合物的两个杂环骨架分别来自于_____、_____两个杂环。

(二) 莨菪碱

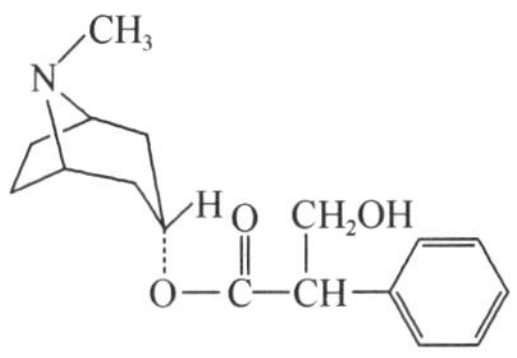

莨菪碱存在于颠茄、莨菪和洋金花等植物中,为白色晶体,味苦。莨菪碱在碱性或加热条件下易消旋,其外消旋体即阿托品,为抗胆碱药。临床上,硫酸阿托品用于治疗平滑肌痉挛及胃、十二指肠溃疡等,为急性有机磷中毒的特效解毒药。

(三) 麻黄碱

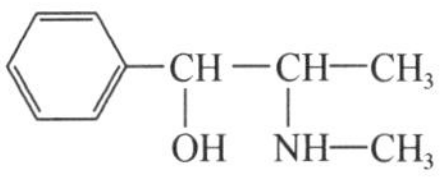

麻黄碱是从麻黄中提取的生物碱,也可人工合成。麻黄碱是无色晶体,味苦,易溶于水。麻黄碱属于仲胺,具碱性,能与酸成盐,临床上用的是它的盐酸盐。麻黄碱具有平喘、止咳、发汗等作用。

即时练

观察麻黄碱的结构:该化合物含有的官能团有_____、_____,具有_____性,能与盐酸反应生成溶于水的_____。

(四) 吗啡、可待因及海洛因

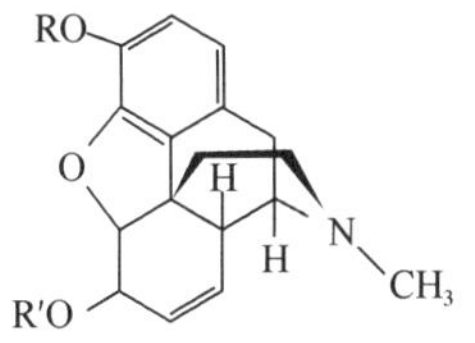

吗啡   R＝R′＝H

可待因   R＝CH_3 R′＝H

海洛因   R＝R′＝H_3C—C—
                     ‖
                     O

吗啡从阿片中提取而得,为白色晶体,熔点为 $254 \sim 256℃$,味苦,微溶于水。吗啡分子中含有酚羟基,易氧化变质;含有叔胺结构,具有碱性,能与酸成盐,临床常用其盐酸盐。吗啡是强效镇痛药,适用于其他镇痛药无效的急性锐痛,如严重创伤和烧伤;也用于缓解癌症疼痛。本品连续使用 1 周以上可成瘾,需慎用。

可待因的镇痛作用比吗啡弱,也能成瘾,临床用作镇咳药。

海洛因是吗啡的乙酰化产物,极易成瘾,从不作为药用,是危害人类健康的毒品之一。

(五) 小檗碱

小檗碱(黄连素)从黄连、黄柏和三棵针等植物中提取而得,也可人工合成。小檗碱为黄色结晶,熔点为145℃,味极苦,能溶于水,具有抗菌、消炎作用。临床上使用的是其盐酸盐,用于治疗肠道感染和细菌性痢疾等。

链 接

毒 品

毒品并非是"毒性药品"的简称,它是指出于非医疗目的而反复连续使用能够产生依赖性(即成瘾性)的药品。从毒品的自然属性看,可分为麻醉药品和精神药品,在严格管理条件下合理使用具有临床治疗价值,如咖啡因、哌替啶。但从社会属性来看,如果为非正常需要而强迫性觅求,这时药品就成了毒品。现常见的毒品有海洛因、可卡因、吗啡、甲基苯丙胺(冰毒)、摇头丸等。

摇头丸常出现在KTV等娱乐场所,主要成分为冰毒,具有兴奋和致幻双重作用,外观多呈片剂,五颜六色。服用后会产生中枢神经强烈兴奋,出现手舞足蹈,摇头晃脑,因此称为摇头丸。吸食者有暴力攻击倾向,易引发性侵害、抢劫、自残与攻击行为,并可诱发精神分裂症及急性心脑疾病,精神依赖性强。摇头丸对社会的危害远大于海洛因。

据联合国统计,毒品蔓延的范围现已扩展到五大洲的200多个国家和地区,我国也未能幸免。目前,毒品已由贩毒分子加工成类似糖果类的药丸,作为"减肥药"大量向各个地方推广,一些爱美的少男少女为了追求身体上的完美,大量吞食此"药品",不仅损害了健康,还给社会和家庭带来了伤痛。还有不少青少年对"摇头丸"产生好奇,抱着好玩的心态去尝试,结果走上了一条不归路。

毒品带给人类的只能是毁灭,吸毒于国、于民、于己有百害而无一利。毒品摧毁的不仅是人的肉体,也是人的意志。"珍爱生命,远离毒品",对每个人来说,绝不仅仅是一句简单的口号。

 目标检测

一、自我小结填空

项目	内容					
杂环化合物	一类含_____化合物,分为单杂环和稠杂环两大类。常见杂原子有_____、_____、_____等					
生物碱	一类有明显_____的含_____性化合物					
重要的杂环	呋喃_____、噻吩_____、吡咯_____、吡啶_____、咪唑_____、噻唑_____、吡啶_____					
化合物	_____、吡喃_____、嘧啶_____、喹啉_____、吲哚_____、嘌呤_____等					

续表

项目	内容
生物碱性质	碱性:能与＿＿＿成盐而溶解,遇强碱,生物碱从盐中游离出来;沉淀反应:与＿＿＿＿、＿＿＿＿等作用生成难溶的沉淀;显色反应:与＿＿＿＿、＿＿＿＿、＿＿＿＿等试剂发生显色反应
常见的生物碱	烟碱、莨菪碱、麻黄碱、吗啡、小檗碱等

二、选择题

1. 化合物 中含有(　　)。

A. 吡唑环 　　　　B. 咪唑环

C. 嘧啶环 　　　　D. 嘌呤环

E. 喹啉环

2. 下列不属于杂环化合物的是(　　)。

A. HO—⬡—CH(OH)CH₂NHCH₃ (二羟基苯)

B.

C.

D.

E.

3. 关于生物碱的叙述不正确的是(　　)。

A. 存在于生物体内,有明显的生理活性

B. 分子中一定含有氮杂环

C. 一般有碱性,能与酸作用生成生物碱盐

D. 生物碱的盐溶于水

E. 大多数生物碱能发生沉淀反应和显色反应

4. 临床上用来治疗细菌性痢疾和肠炎的是(　　)。

A. 烟碱 　　　　B. 硫酸阿托品

C. 盐酸麻黄碱 　D. 盐酸小檗碱

E. 海洛因

5. 临床上用来治疗支气管哮喘、过敏反应的是(　　)。

A. 烟碱 　　　　B. 硫酸阿托品

C. 盐酸麻黄碱 　D. 盐酸小檗碱

E. 海洛因

6. 临床上用来治疗散瞳及治疗胃和十二指肠溃疡的是(　　)。

A. 烟碱 　　　　B. 硫酸阿托品

C. 盐酸麻黄碱 　D. 盐酸小檗碱

E. 海洛因

三、填空题

1. 常见的重要生物碱有＿＿＿＿、＿＿＿＿、＿＿＿＿等。

2. 根据分子中含环的数目,可将杂环化合物分为＿＿＿＿和＿＿＿＿;常见的杂原子有＿＿＿＿、＿＿＿＿、＿＿＿＿等。

四、简答题

1. 常见杂环化合物有哪些? 在医学中各有何作用?

2. 如何提纯生物碱?

五、写出下列化合物中的杂环名称

1.

2.

3.

4.

5.

6.

7.

111

第 7 章　营养和生命类有机化合物

油脂、糖类、蛋白质、水、无机盐和维生素是维持人的生命的六大营养素,其中油脂、糖类、蛋白质又被称为三大能量营养素,除了为人体提供能量之外,还是机体构成成分、组织修复以及生理调节功能的化学物质;核苷酸是遗传的物质基础。本章主要讨论油脂、糖类、蛋白质、核苷酸的结构和化学性质。

第 1 节　油脂类有机化合物

油脂是动植物体的重要组成成分,机体细胞膜、神经组织、激素的构成都离不开油脂。油脂又是人体的主要营养物质之一,在体内氧化时能产生大量的热而提供机体活动所需的能量,每克油脂所提供的热量为 37.6kJ,是同等质量蛋白质或糖的两倍。它们不仅为机体提供原料和能量,而且在生长发育、新陈代谢的各个环节都发挥着重要的作用,是生命活动中必不可少的有机化合物。油脂还起到保暖隔热,支持保护内脏、关节、各种组织,还可以溶解如维生素 A、D、E、K 等许多难溶于水的生物活性物质,因而能促进机体对这些物质的吸收。

油脂是油和脂肪的总称,广泛存在于动植物体中。在室温下植物油脂通常呈液态,称为**油**,如花生油、芝麻油、菜籽油、豆油等植物油脂;动物油脂通常呈固态,称为**脂肪**,如猪脂、牛脂、羊脂等动物油脂。油脂在化学成分上都是高级脂肪酸与甘油所生成的酯,所以油脂属于酯类。

 案例 7-1

脂肪乳剂

张某患食道癌两年,饮食困难,身体消瘦。入院后医生要求,静脉注射脂肪乳剂 500mL,连续注射一周后,患者体重逐渐恢复。

问题:1. 什么是脂肪? 写出脂肪的结构通式。

　　　2. 什么是乳化剂? 它的乳化原理是什么? 人体脂肪消化的乳化剂是什么?

一、 油脂的组成和结构

自然界中的油脂是多种物质的混合物,其主要成分是 1 分子的甘油与 3 分子的高级脂肪酸脱水形成的**甘油三酯**。油脂的结构通式如下:

$$
\begin{array}{l}
CH_2-O-\overset{\displaystyle O}{\overset{\|}{C}}-R_1 \\
CH-O-\overset{\displaystyle O}{\overset{\|}{C}}-R_2 \\
CH_2-O-\overset{\displaystyle O}{\overset{\|}{C}}-R_3
\end{array}
$$

甘油部分　脂肪酸部分

结构式中 R_1、R_2、R_3 代表脂肪酸的烃基,可以相同,也可以不同。如果 R_1、R_2、R_3 相同,这样的油脂称为**单甘油酯**;如果 R_1、R_2、R_3 不相同,就称为**混甘油酯**。天然油脂大都是混甘油酯的混合物。

组成油脂的脂肪酸的种类较多,大多数是含偶数碳原子的直链高级脂肪酸,有饱和的,也有不饱和的。其中以含十六个碳原子和十八个碳原子的高级脂肪酸最为常见。例如:

饱和脂肪酸: 软脂酸(十六酸)$C_{15}H_{31}COOH$

硬脂酸(十八酸)$C_{17}H_{35}COOH$

不饱和脂肪酸:油酸(9-十八碳烯酸)$C_{17}H_{33}COOH$

亚油酸(9,12-十八碳二烯酸)$C_{17}H_{31}COOH$

亚麻酸(9,12,15-十八碳三烯酸)$C_{17}H_{29}COOH$

花生四烯酸(5,8,11,14-二十碳四烯酸)$C_{19}H_{31}COOH$

形成油脂的脂肪酸的饱和程度,对油脂的熔点有着重要影响。由饱和的硬脂酸或软脂酸生成的甘油酯熔点较高,常温下一般呈固态,而由不饱和的油酸生成的甘油酯熔点较低,常温下呈液态。由于各类油脂中所含的饱和脂肪酸和不饱和脂肪酸的相对量不同,因此,不同油脂具有不同的熔点。

多数高级脂肪酸在人体内都能合成,但是亚油酸、亚麻酸、花生四烯酸等在体内不能合成或合成太少,它们又是维持正常生命活动必不可少的,因此必须由食物来供给,称为**必需脂肪酸**。例如,花生四烯酸是合成体内重要活性物质前列腺素的原料,人体必须从食物中摄取。

 **链 接**

EPA 和 DHA

从海洋鱼类及甲壳类动物体内的油脂中分离出的二十碳五烯酸(EPA)和二十二碳六烯酸(DHA),具有降低血脂、抗动脉粥样硬化、抗血栓形成等作用,可防治心脑血管疾病,也是大脑所需要的营养物质,被誉为"脑黄金"。

DHA 除了能阻止胆固醇在血管壁上的沉积、预防或减轻动脉粥样硬化和冠心病的发生外,更重要的是,DHA 对大脑细胞有着极其重要的作用。它占了人脑脂肪的10%,对脑神经传导和突触的生长发育极为有利。核桃油里面含有大量的不饱和脂肪酸,可以在人体内衍生为 DHA,人们可适量食用。

二、 油脂的理化性质

【物理性质】 油脂的密度比水小,为 $0.9 \sim 0.95 \text{g}/\text{cm}^3$,难溶于水,易溶于有机溶剂。根据这一性质,工业上常用有机溶剂来提取植物种子里的油。油脂本身也是一种较好的溶剂。因天然油脂是混合物,所以无固定的熔点和沸点。纯净的油脂是无色、无味的,但一般天然油脂中因溶有色素和维生素等而有颜色和气味。

油脂可以发生乳化现象。油脂比水轻,又难溶于水,与水混合则浮于水面上形成两层。若用力振荡油和水的混合体系,油脂则以小油滴形态分散于水中形成一种不稳定的乳浊液,放置后,小油滴相互碰撞又合并成大油滴,最后又分为油脂和水两层。要使油脂分散在水中得到较稳定的乳浊液,必须加入乳化剂(肥皂、洗涤剂、胆汁酸盐等)。如图7-1所示,乳化剂分子具有亲水基和亲油基两部分。例如,肥皂(R—COONa)分子中的"R—"为亲油基,"—COONa"为亲水基,在油和水的混合体系中加入乳化剂时,其亲油基伸向油中,亲水基伸向水中,使油脂小液滴表面形成了一层乳化剂分子的保护膜,防止小油滴相互碰撞而合并,从而形成较稳定的乳浊液。利用乳化剂使油脂形成较稳定的乳浊液的作用称为**油脂的乳化**。

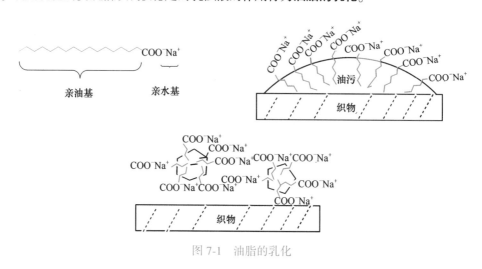

图 7-1　油脂的乳化

油脂在小肠内,经胆汁酸盐的乳化,分散成小油滴,从而增大了与脂肪酶的接触面积,有利于油脂的水解、消化和吸收,因此油脂的乳化具有重要的生理意义。

 **链　接**

肥皂的去污原理

肥皂的去污原理与乳化剂的作用相似,主要是高级脂肪酸钠盐的作用。在洗涤过程中,污垢中的油脂跟肥皂接触后,高级脂肪酸钠(R—COONa)分子中的亲油基"—R"就插入油滴内,而易溶于水的亲水基"—COONa"部分伸在油滴外面,插入水中。这样油滴就被肥皂分子包围起来,再经过反复摩擦、振动,大的油滴分散成小的油珠,最后脱离被洗的纤维织品而分散到水中形成乳浊液,从而达到洗涤去污的目的。

【化学性质】　油脂是酯类,因此有酯的化学性质,如在碱性条件下发生水解反应;油脂中的脂肪酸中,不饱和脂肪酸包含双键等官能团,因此具有不饱和烃的化学性质,如加成反应等。

1. 油脂的水解

油脂和酯一样,在酸、碱或酶的作用下可以发生水解反应,生成甘油和相应的高级脂肪酸。例如,甘油三硬脂酸酯在酸存在的条件下水解可生成 1 分子甘油和 3 分子硬脂酸。如果油脂在碱存在的条件下水解,生成的高级脂肪酸又与碱反应生成高级脂肪酸盐。例如,甘油三硬脂酸酯在 NaOH 溶液中水解,生成硬脂酸钠和甘油。

$$
\begin{array}{c}
CH_2-O-C(=O)-C_{17}H_{35}\\
|\\
CH-O-C(=O)-C_{17}H_{35} \quad +\ 3NaOH \ \Longleftrightarrow \\
|\\
CH_2-O-C(=O)-C_{17}H_{35}
\end{array}
\quad
\begin{array}{c}
CH_2-OH\\
|\\
CH-OH \quad +\ 3C_{17}H_{35}COONa\\
|\\
CH_2-OH
\end{array}
$$

甘油三硬脂酸酯　　　　　　　　　　　甘油　　　　硬脂酸钠

硬脂酸钠是肥皂的有效成分,工业上利用这一反应原理来制肥皂。所以油脂在碱性条件下的水解反应又称为**皂化反应**(彩图 7-1)。高级脂肪酸盐通常称为肥皂,由高级脂肪酸钠盐组成的肥皂,称为钠肥皂,又称**硬肥皂**,就是日常生活中的普通肥皂。由高级脂肪酸钾盐组成的肥皂,称为钾肥皂,又称**软肥皂**,由于软肥皂对人体皮肤、黏膜刺激性小,医药上常用作灌肠剂或乳化剂。

2. 油脂的氢化

含有不饱和脂肪酸成分的油脂,其分子中含有双键,所以能在一定条件下与氢气发生加成反应。例如,甘油三油酸酯通过加氢变成甘油三硬脂酸酯。化学反应方程式为

$$
\begin{array}{l}
CH_2 - \overset{O}{\underset{\|}{C}} - C_{17}H_{33} \\
CH - \overset{O}{\underset{\|}{C}} - C_{17}H_{33} \quad + \quad 3H_2 \quad \xrightarrow{Ni} \\
CH_2 - \overset{O}{\underset{\|}{C}} - C_{17}H_{33}
\end{array}
\qquad
\begin{array}{l}
CH_2 - \overset{O}{\underset{\|}{C}} - C_{17}H_{35} \\
CH - \overset{O}{\underset{\|}{C}} - C_{17}H_{35} \\
CH_2 - \overset{O}{\underset{\|}{C}} - C_{17}H_{35}
\end{array}
$$

甘油三油酸酯   甘油三硬脂酸酯

液态油中的不饱和脂肪酸通过加氢变成饱和脂肪酸,提高了饱和度,可使液态的油变成固态的脂肪。液态油通过加氢变成固态脂肪的过程称为**油脂的氢化**,又称**油脂的硬化**。通过加氢而得到的固态油脂称为**硬化油**。硬化油不易被空气氧化变质,便于运输和保存,可用于工业制造肥皂的原料。

3. 油脂的酸败

油脂放置过久易被空气中氧气氧化,逐渐变质而产生难闻的气味,这种变化称为**油脂的酸败**。酸败的原因是油脂在光、热、水、氧气、微生物等因素的作用下,发生了水解反应、氧化反应等,生成了有挥发性且有难闻气味的低级醛、酮、脂肪酸的混合物。油脂酸败后产生对人体健康有害的物质,因而不能食用。为防止油脂的酸败,应将油脂保存在密闭容器中,而且要避光、低温存放。

三、 油脂的意义及医药应用

1)机体能量的重要来源。油脂是动物体内储存和供给能量的重要物质之一。人体所需总热量的 20%～30% 由脂肪氧化来提供,尤其在饥饿或禁食时,脂肪就成为机体所需能量的主要来源。

2)生物膜的组成部分。脂蛋白是构成生物膜的成分,对维持细胞正常功能起重要作用。

3)保持体温、保护脏器。脂肪不易导热,分布于皮下的脂肪可以防止热量散失而保持体温。分布于脏器周围的脂肪可对撞击起到缓冲作用而保护内脏。

4)油脂能促进脂溶性维生素的吸收、代谢,并与多种激素的生成以及神经介质的传递等有密切关系。

5)油脂还广泛应用于医药工业中。例如,麻油可用作膏药的基质原料,且麻油药性清凉,有消炎、镇痛等作用。蓖麻油一般用作泻剂。

目 标 检 测

一、自我小结填空

项目	内容
概念	油脂是_____和_____的总称。油脂实质就是高级脂肪酸甘油_____
组成	1. 油脂的结构包含_____和_____两部分，它是由_____与三分子_____脱水生成的_____；
	2. 组成油脂的脂肪酸大多数是含_____碳原子的_____链高级脂肪酸；
	3. 常见必需脂肪酸有_____、_____、_____
化学性质	1. 水解：油脂在_____下的_____反应又称为皂化反应。例如，硬脂酸甘油酯在 NaOH 溶液中生成_____和_____；
	2. 氢化：液态油通过_____变成固态脂肪的过程。这是因为液态油中的脂肪酸是不饱和脂肪酸，双键中的_____键破裂，加入氢原子；
	3. 酸败：油脂在_____、_____、_____、_____等因素的作用下，发生了_____、_____等反应，生成小分子的醛、酮等化合物而变质的过程
油脂的乳化	1. 油脂的乳化：利用_____使油脂形成比较稳定的_____的作用；
	2. 乳化剂分子具有_____和_____两部分。常见的乳化剂有：_____，人体内的乳化剂为_____

二、写出下列化合物的结构式或名称

1. 油脂的结构通式
2. 甘油三硬脂酸酯

三、选择题

1. 加热油脂与氢氧化钠溶液的混合物，可生成甘油和脂肪酸钠，此反应称为油脂的（　　）。
   A. 酯化　　　　B. 乳化
   C. 氢化　　　　D. 皂化

2. 医药上常用软皂的成分是（　　）。
   A. 高级脂肪酸盐
   B. 高级脂肪酸钠盐
   C. 高级脂肪酸钾盐
   D. 高级脂肪酸钾、钠盐

3. 制肥皂的副产物是（　　）。
   A. 硬化物　　　B. 硬脂酸
   C. 甘油　　　　D. 乙二醇

4. 1mol 油脂完全水解后能生成（　　）。
   A. 1mol 甘油和 1mol 水
   B. 1mol 甘油和 1mol 脂肪酸
   C. 3mol 甘油和 3mol 脂肪酸
   D. 1mol 甘油和 3mol 脂肪酸

四、填空题

1. 人体正常生命活动所必需的三大能量物质是_____、_____、_____。

2. 油脂是_____和_____的总称。

3. 甘油的结构式_____。

4. 油脂在化学成分上都是_____与_____所生成的甘油三酯。

5. 组成油脂的脂肪酸大多数是含_____碳原子的_____链高级脂肪酸。

6. 常见必需脂肪酸有_____、_____、_____。

7. 油脂在_____性条件下的_____反应又称为皂化反应。

8. 液态油通过_____变成固态脂肪的过程称为油脂的氢化。

9. 油脂酸败的原因是在_____、_____、_____、_____等因素的作用下，发生了_____反应、_____反应等。

10. 乳化剂分子具有_____和_____两部分。

11. 利用_____使油脂形成比较稳定的_____的作用，称为油脂的乳化。

第2节 类 脂

类脂是存在于生物体内,性质类似于油脂的一类化合物。重要的类脂有**磷脂**和**甾醇**。

一、磷脂的结构特点

磷脂广泛存在于动植物组织中,主要存于脑、神经组织、骨髓、心、肝、肾等器官中,在蛋黄、植物的种子及胚芽中,磷脂的含量也很丰富。

磷脂是含磷的脂肪酸甘油酯,结构和性质都与油脂相似。磷脂完全水解后可以生成甘油、脂肪酸、磷酸、含氮有机碱四种物质。根据含氮有机碱的不同,最重要的磷脂有**卵磷脂**(磷脂酰胆碱)和**脑磷脂**(磷脂酰胆胺)。

(一)卵磷脂

卵磷脂因最初从蛋黄中发现,且含量丰富而得名。其结构式如下:

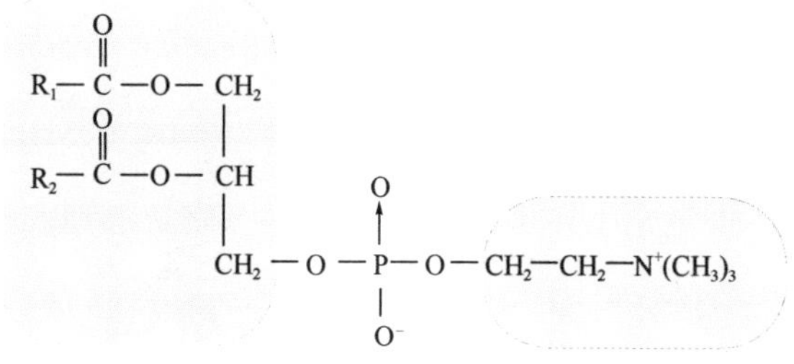

$$R_1-\overset{\overset{O}{\|}}{C}-O-CH_2$$
$$R_2-\overset{\overset{O}{\|}}{C}-O-CH$$
$$CH_2-O-\overset{\overset{O}{\uparrow}}{\underset{O^-}{P}}-O-CH_2-CH_2-N^+(CH_3)_3$$

甘油酯部分　　　　　磷酸部分　　　　　胆碱部分

1分子卵磷脂完全水解后可以生成1分子甘油、2分子脂肪酸、1分子磷酸和1分子胆碱。

卵磷脂与脂肪的吸收和代谢有密切的关系,具有抗脂肪肝的作用。

(二)脑磷脂

脑磷脂因在脑组织中含量较多而得名,并与卵磷脂共存于动物的组织中。结构式如下:

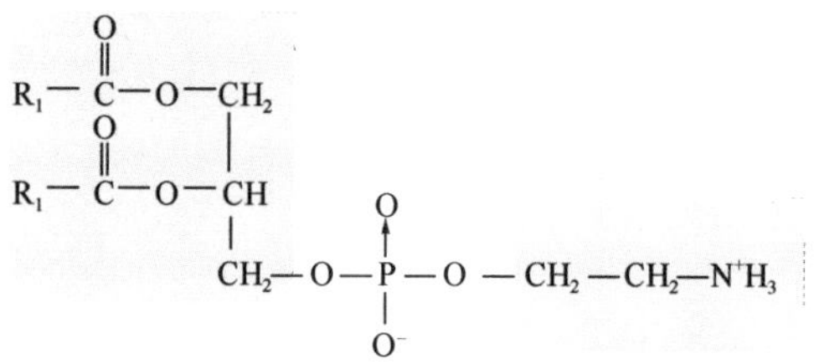

$$R_1-\overset{\overset{O}{\|}}{C}-O-CH_2$$
$$R_1-\overset{\overset{O}{\|}}{C}-O-CH$$
$$CH_2-O-\overset{\overset{O}{\uparrow}}{\underset{O^-}{P}}-O-CH_2-CH_2-N^+H_3$$

甘油酯部分　　　　　磷酸部分　　　　　胆胺部分

1分子脑磷脂完全水解后可以生成1分子甘油、2分子脂肪酸、1分子磷酸和1分子胆胺。

脑磷脂存在于血小板中,与血液的凝固有关,其中能促进凝固的凝血激酶就是由脑磷脂和蛋白质组成的。

即时练

①类脂是存在于_____体内,性质类似于_____的一类化合物。重要的类脂有_____和
_____。

②磷脂是含_____的脂肪酸甘油酯。

③磷脂完全水解后可以生成_____、_____、_____、_____四种物质。

④重要的磷脂有_____和_____。

⑤卵磷脂的含氮有机碱是_____;脑磷脂的含氮有机碱是_____。

二、 甾醇的结构特点

甾醇广泛存在于动植物的组织中,其在结构上都含有一个**环戊烷多氢菲**的骨架。在
C10、C13、C17 上分别连有一个取代的烃基,其中 C10、C13 上常连有甲基,C17 上连有不
同的烃基,C3 上连有羟基。因此**甾醇**是一类含有一个环戊烷多氢菲骨架结构复杂的脂
环醇。环戊烷多氢菲及甾醇的基本结构如下:

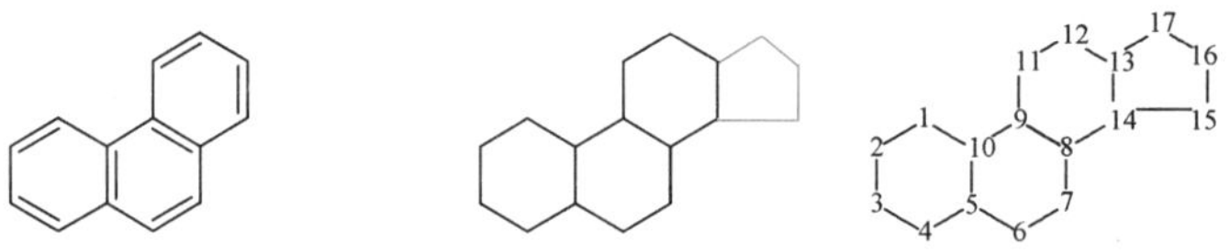

菲与环戊烷多氢菲

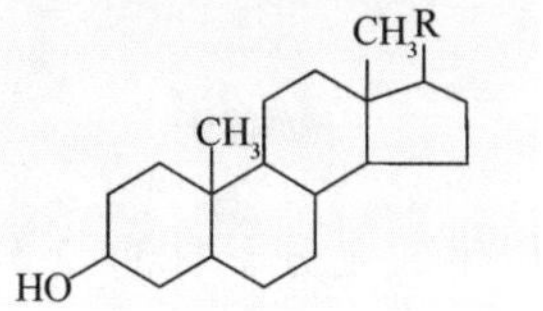

甾醇的基本结构

甾醇的"甾"上的三条折线表示甾醇上的两个甲基和一个烃基,"田"则形象地表示
了环戊烷多氢菲的结构。各种甾醇在结构上的差别主要是 C17 上连接的烃基—R 不同,
以及环上的双键数目和位置不同。其中最重要的甾醇是**胆甾醇**(又称**胆固醇**)。

胆甾醇广泛存在于动物及人体的组织细胞中,在脑和神经组织中含量较多。胆甾醇
的结构如下:

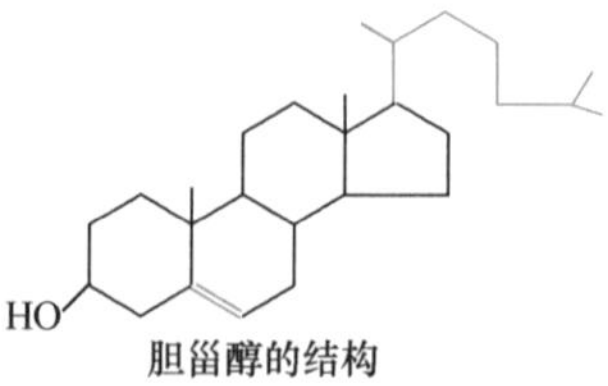

胆甾醇的结构

胆甾醇是一种无色或略带黄色的蜡状固体,难溶于水,易溶于热乙醇、乙醚和氯仿等
有机溶剂。胆甾醇常与油脂共存但不能皂化。胆甾醇在体内常与脂肪酸结合成胆甾醇
酯,两者共存于血液中。在人体中,胆甾醇代谢发生障碍时,血液中的胆甾醇含量就会增

加,胆甾醇和胆甾醇酯沉积于血管壁是造成动脉硬化的原因之一。

即时练

①甾醇在结构上都含有一个_____的骨架。

②各种甾醇在结构上的差别主要是 C17 上连接的_____不同,以及环上的双键_____和_____不同。

③最重要的甾醇是_____(又称_____)。

链　接

血脂与动脉粥样硬化

血脂包括甘油三酯、磷脂、胆甾醇和胆甾醇酯以及游离脂肪酸等。血脂代谢异常可使机体内血脂含量过高。血脂长期超标,将会逐渐沉积于血管壁上,引起不同程度的血管阻塞,从而导致局部组织缺血,严重的甚至会引起脑中风、冠心病等。因此,血脂代谢异常是导致动脉粥样硬化的重要因素。

膳食中饱和脂肪酸和胆甾醇过多的人群,平均血脂含量特别是血浆胆甾醇的含量明显高于一般人,其冠心病的患病率也较高,而且患脂肪肝、肥胖症的概率也高。因此,保持合理的饮食,注重营养平衡是预防心血管疾病的良好措施。

甾醇类中的 7-去氢胆甾醇和麦角甾醇等在紫外线作用下可转变成各种**维生素** D。

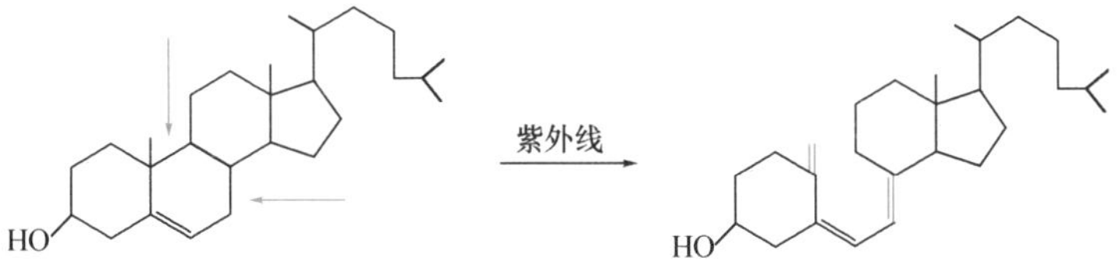

7-去氢胆甾醇　　紫外线　　维生素D₃

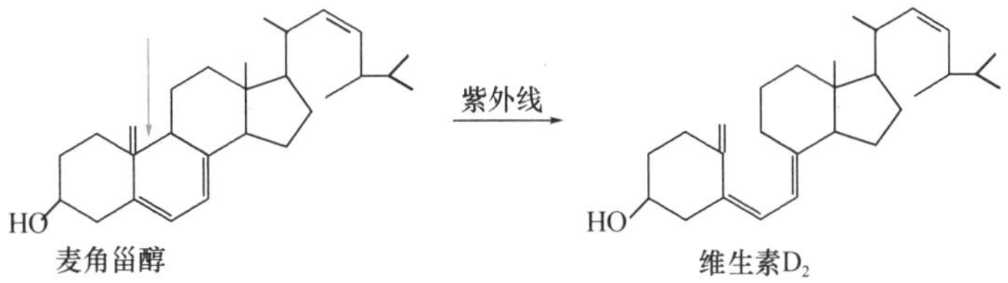

麦角甾醇　　紫外线　　维生素D₂

链　接

维生素 D

维生素 D 是一类抗佝偻病维生素的总称。它们都是甾醇的衍生物,其中活性较高的是维生素 D₂ 和维生素 D₃。维生素 D 的主要生理功能是调节钙、磷的代谢,促进骨骼正常发育。当维生素 D 缺乏时,儿童可患佝偻病,成人引起软骨症。

因为 7-去氢胆甾醇和麦角甾醇等在阳光作用下可转变成维生素 D₃ 和维生素 D₂,所以常做日光浴和坚持户外活动是获得各种维生素 D 的最简便方法。

胆甾醇在体内还可以转变成多种重要的物质,如胆汁酸(如胆酸)、肾上腺皮质激素(如氢化可的松)、性激素(如睾酮、黄体酮)等,它们都是具有重要生理功能的物质。

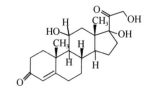

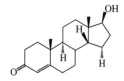

胆酸(其盐是体内乳化剂)

氢化可的松(抗炎、抗过敏药物)

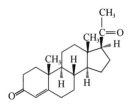

睾酮(雄性激素)

黄体酮(雌性激素)

目标检测

一、自我小结填空

项目	内容
概念	类脂是存在于生物体内,_____类似于油脂的一类化合物
分类	重要的类脂有_____和_____; 磷脂是含磷的脂肪酸甘油酯。重要的磷脂有_____脂和_____脂; 甾醇是一类含有一个_____骨架结构复杂的脂环醇。重要的甾醇有_____、_____、 _____、_____等
组成	磷脂由_____、_____、_____、_____四种物质组成; 含氮有机碱是_____的为卵磷脂;含氮有机碱是_____的为脑磷脂
结构	甾醇的基本结构为:_____

二、写出下列化合物的结构式

1. 环戊烷多氢菲的结构

2. 甾醇的基本结构

三、选择题

1. 卵磷脂完全水解的产物是( )。

  A. 甘油和脂肪酸

  B. 甘油、脂肪酸、磷酸和胆胺

  C. 甘油、脂肪酸、磷酸和胆碱

  D. 甘油、脂肪酸和磷酸

2. 脑磷脂完全水解的产物是( )。

  A. 甘油和脂肪酸

  B. 甘油、脂肪酸、磷酸和胆胺

  C. 甘油、脂肪酸和磷酸

  D. 甘油、脂肪酸、磷酸和胆碱

四、填空题

1. 经常晒太阳,可以使皮肤中的_____转化为_____,后者具有抗佝偻病的作用。

2. 胆甾醇又名_____,在体内常与脂肪酸结合成_____,两者共存于血液中。在人体中,胆甾醇代谢发生障碍时,血液中的胆甾醇含量就会增加,_____和_____沉积于血管壁是造成动脉硬化的原因之一。

第3节　糖类有机化合物

糖类是广泛存在于自然界中的一类重要有机化合物,也是人类生命活动必需的营养物质之一。生物体内都含有糖类,如人体血液中的葡萄糖,哺乳动物乳汁中的乳糖,肝和肌肉中的糖原,植物细胞壁内的纤维素,粮食作物中的淀粉都属于糖类有机化合物。此外,许多糖类化合物还具有特殊的生理功能,如肝素具有抗凝血作用。

案例7-2

张大爷到医院看病,自述最近口渴多饮,吃得多,尿得多,身体却越来越瘦,四肢乏力。医生给他做了一个空腹血糖检查,其中血糖的浓度为16.7mmol/L,医生告诉张大爷,他得的是糖尿病,给他开了一些治疗药并叮嘱张大爷,平时要注意饮食,少吃糖类物质。张大爷嘀咕着说,我很少吃糖,基本上一日三餐都是大米饭,每餐还能吃两大碗呢,怎么就会得糖尿病呢?

糖类化合物最早被称为"碳水化合物",这是因为糖类化合物由碳、氢、氧三种元素组成,并且大多数糖类化合物中氢、氧原子的个数比为 $2：1$,恰如水的组成,可用通式 $C_n(H_2O)_m$ 表示。然而,随着科学的发展,发现鼠李糖 $C_6H_{12}O_5$、脱氧核糖 $C_5H_{10}O_4$ 等糖类化合物中氢、氧个数之比不是 $2：1$,而有些化合物如甲醛 CH_2O、乙酸 $C_2H_4O_2$ 等又符合 $C_n(H_2O)_m$ 通式,但不属于糖类,因此碳水化合物这个名称并不恰当,但因沿用已久,有些书上至今仍在应用。

从化学结构上看,**糖类**是多羟基醛、多羟基酮或它们的脱水缩合物。根据水解情况,糖类一般分为单糖、低聚糖和多糖。

不能水解的糖称为单糖,如葡萄糖、果糖;水解后生成 $2\sim10$ 个单糖分子的糖为低聚糖,根据单糖数目,又可分为双糖、三糖等,其中最重要的是双糖,如蔗糖、麦芽糖;水解后能生成 10 个以上单糖分子的糖称为多糖,如淀粉、糖原、纤维素。

即时练

下列两种同分异构体的分子式都是 $C_3H_6O_3$,其中哪一种是糖类化合物呢?

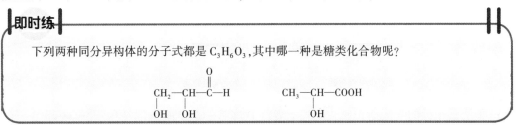

一、单　糖　类

单糖一般含有 $3\sim6$ 个碳原子,按分子中所含碳原子数目可分为丙糖、丁糖、戊糖和己糖;从结构上可分为醛糖和酮糖,多羟基醛称为醛糖,多羟基酮称为酮糖。与医药关系密切的单糖有葡萄糖、果糖、核糖、脱氧核糖、半乳糖和氨基糖等,其中具有代表性的是葡萄糖和果糖。

（一）单糖的结构

1. 葡萄糖的结构

（1）开链式结构

葡萄糖的分子式为 $C_6H_{12}O_6$,属己醛糖,为直链的五羟基己醛,其结构式为

$$
\begin{array}{c}
\text{CHO} \\
\text{H—C—OH} \\
\text{HO—C—H} \\
\text{H—C—OH} \\
\text{H—C—OH} \\
\text{CH}_2\text{OH}
\end{array}
$$

（2）氧环式结构

葡萄糖分子中既含有醛基又含有羟基，C5 上的羟基与 C1 的醛基之间可发生加成反应，生成环状的半缩醛，产生的羟基被称为**苷羟基**。葡萄糖的环状结构是由 1 个氧和 5 个碳形成的六元环，与含氧六元杂环吡喃相似，因此称为吡喃型葡萄糖。苷羟基在左边，称为 β-吡喃葡萄糖，是葡萄糖的主要构型；苷羟基在右边，称为 α-吡喃葡萄糖。这两种异构体在溶液中可以通过开链式结构互相转换，形成一个平衡体系。

它们的互变关系如下：

为更真实地表示葡萄糖分子在空间的环状结构，常用哈沃斯投影式来表达环状结构。α-吡喃葡萄糖、β-吡喃葡萄糖的哈沃斯式如下：

理解葡萄糖的哈沃斯投影式结构主要注意这是一个空间立体结构式，吡喃环是一个六边形的平面结构，其他的基团分别在环的上边或者下边，如上述两个结构，其空间结构可以看作如图 7-2 所示。

α-吡喃葡萄糖空间结构示意图   β-吡喃葡萄糖空间结构示意图

图 7-2　吡喃葡萄糖

实际的空间结构更复杂;其他糖类也有与其相似的结构,学习时注意理解。

2. 果糖的结构

(1)开链式结构

果糖的分子式为 $C_6H_{12}O_6$,是己酮糖,与葡萄糖互为同分异构体,其开链式分子中 C2 是酮基,其余 5 个碳原子上各连有 1 个羟基,除 C1 外,C3、C4、C5 上羟基的空间位置与葡萄糖相同。

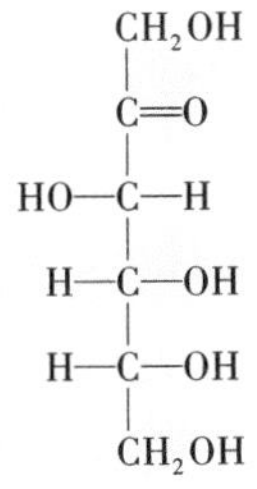

链状果糖

(2)氧环式结构

由于果糖分子中与酮基相邻的碳原子上都有羟基,酮基的活泼性提高,可与 C5 或 C6 上的羟基作用生成环状半缩酮。果糖以游离态存在时,主要以六元环(吡喃型)形式存在;当果糖以结合态存在时,则以五元环(呋喃型)的形式存在。氧环式果糖的结构也有 α-型和 β-型两种。

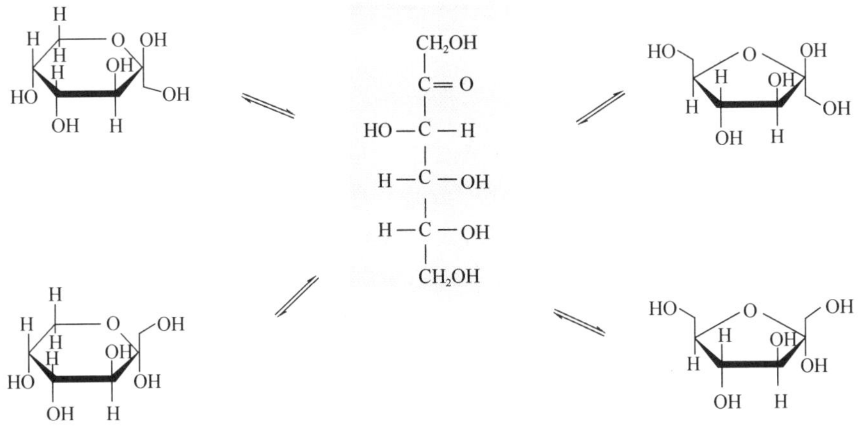

游离态吡喃果糖   结合态呋喃果糖

3. 核糖和脱氧核糖的结构

核糖的分子式为 $C_5H_{10}O_5$,脱氧核糖的分子式为 $C_5H_{10}O_4$,它们都是戊醛糖。在结构上,核糖的 C2 上有 1 个羟基,脱氧核糖的 C2 上则没有羟基,只有 2 个氢原子,即脱氧核糖可以看作是核糖脱去 C2 上的羟基氧原子而成的。

(1)开链式结构

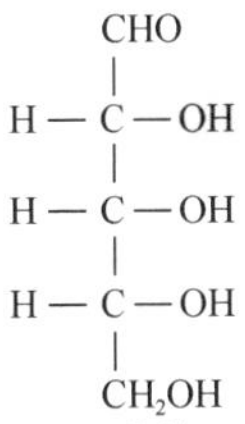

核糖 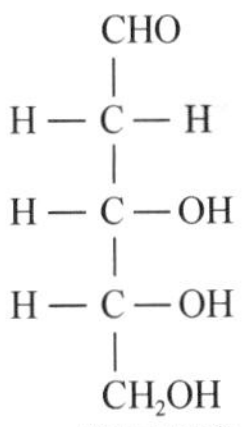   脱氧核糖

（2）氧环式结构

哈沃斯式表示如下：

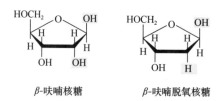

β-呋喃核糖 　　　β-呋喃脱氧核糖

（二）单糖类有机化合物的理化性质

【物理性质】　单糖都是无色结晶体，具有吸湿性，易溶于水，难溶于乙醇等有机溶剂。单糖味甘，不同的单糖甜度不同，单糖（除丙酮糖外）都具有旋光性，溶于水时出现变旋现象。

【化学性质】　单糖分子中含有羟基和醛基或者酮基，是复合官能团的化合物，其化学性质由羟基、醛基决定。由于多羟基酮的酮基受到羟基的影响，其性质与多羟基醛相似。

1. 氧化反应

（1）银镜反应

托伦试剂是硝酸银与适量的氨水配成的溶液，其主要成分银氨配离子具有弱氧化性，能被单糖还原生成单质银，产生银镜现象（彩图 3-8）。因此该反应称为银镜反应。其化学反应方程式为

$$CH_2OH(CHOH)_4CHO +2Ag(NH_3)_2OH \xrightarrow{水浴} CH_2OH(CHOH)_4COONH_4 +2Ag\downarrow +3NH_3\uparrow + H_2O$$

（2）与班氏试剂反应

班氏试剂是硫酸铜、碳酸钠和柠檬酸钠配制而成的碱性溶液，其主要成分是铜离子和柠檬酸根离子形成的配合物，能被单糖还原成砖红色的氧化亚铜（Cu_2O）沉淀（彩图 3-9）。在临床上，常用这一反应来检验糖尿病患者尿中是否含有葡萄糖。其化学反应方程式为

$$2CH_2OH(CHOH)_4CHO +3Cu(OH)_2 \longrightarrow [CH_2OH(CHOH)_4COO]_2Cu + Cu_2O\downarrow + 3H_2O$$

凡能被托伦试剂、班氏试剂氧化的糖称为还原性糖，反之称为非还原性糖，单糖都是还原性糖。

 案例 7-3

尿糖的测定

尿液中的葡萄糖称为尿糖。糖尿病患者由于胰岛素调节失常，造成高血糖。此外，糖尿病患者随着血糖的升高，尿液中葡萄糖也增加，葡萄糖从尿液中大量丢失。

临床上常用尿样与班氏试剂反应，根据生成物呈现出的颜色深浅判断尿糖的含量。如果比色为蓝色，说明尿中无糖，代表阴性结果，符号为"－"；如果呈绿色，符号为"＋"，说明每 100mL 尿中含糖量为 0.3～0.5g；呈黄绿色，为"＋＋"，说明每 100mL 尿中含糖量为 0.5～1.0g；呈橘黄色，为"＋＋＋"，说明每 100mL 尿中含糖量为 1～2g；呈砖红色，为"＋＋＋＋"或以上，说明每 100mL 尿中含糖量为 2g 以上。

问题：1. 尿糖的测定原理是什么？反应生成的砖红色物质是什么？

2. 观察一份尿糖测定报告，说明"＋""－"号的意义。

2. 成苷反应

单糖环状结构的苷羟基较活泼，能够与另一含羟基的化合物（如醇和酚等）脱去一分子的水生成糖苷（简称苷），此反应称为**成苷反应**。例如，葡萄糖与甲醇在干燥的 HCl 气

体的催化作用下,脱去一分子水,生成葡萄糖甲苷。

糖苷是由糖和非糖部分通过苷键连接而成的一类化合物。糖的部分称为糖苷基,非糖部分称为配糖基,糖苷基和配糖基之间由氧原子连接而成的键称为**糖苷键**(或苷键)。糖苷不具有还原性。

糖苷广泛存在于植物体中,且大多数具有生物活性,是许多中草药的有效成分之一。皂苷是一类特殊的糖苷,人参、远志、桔梗、甘草、知母和柴胡等中草药的主要有效成分都含有皂苷。

3. 成酯反应

单糖分子中的羟基能与酸发生反应生成酯,人体内的葡萄糖在酶的作用下,分子中C1、C6 上的羟基可以分别或同时与磷酸发生酯化反应,生成葡萄糖-1-磷酸酯、葡萄糖-6-磷酸酯和葡萄糖-1,6-二磷酸酯。

单糖的磷酸酯是体内许多代谢过程的中间产物,在生命过程中具有非常重要的意义。

(三) 单糖的营养价值与医药应用

1. 葡萄糖

葡萄糖是自然界分布最广的单糖,其是无色或白色结晶粉末,有甜味。工业上用水解淀粉的方法来制取葡萄糖。

葡萄糖是人类重要的营养物质,是人体所需能量的主要来源。人类脑的功能完全依赖于葡萄糖分解过程产生的能量,在单位时间内需要恒定的葡萄糖供给,因此膳食中必须及时供给易分解成葡萄糖的糖类化合物。在医药上葡萄糖作为营养剂,50g/L(5%)的葡萄糖是临床输液时常用的等渗溶液,并有强心、利尿和解毒作用。在制药、食品工业中,葡萄糖是重要原料。

人体血液中的葡萄糖称为血糖,正常人空腹时血糖的含量为 $3.9 \sim 6.1$ mmol/L;尿液中的葡萄糖称尿糖,糖尿病患者的尿糖含量随病情的轻重而不同。

2. 果糖

果糖是无色菱形晶体,易溶于水,可溶于乙醇和乙醚,熔点为 103~105℃(分解)。其水溶液具有旋光性,并且是左旋体,因此称为左旋糖。

果糖是天然糖中最甜的糖,甜度为蔗糖的 1.3~1.8 倍。果糖常以游离态存在于蜂蜜和水果汁中,以结合态存在于蔗糖中。

果糖在体内能与磷酸作用生成磷酸酯,作为体内代谢的重要中间产物 1,6-二磷酸果糖是高能营养性药物,有增强细胞活力和保护细胞的功能,可作为心肌梗死及各类休克的辅助药物。

3. 核糖和脱氧核糖

核糖是核糖核酸(RNA)的重要组成部分,脱氧核糖是脱氧核糖核酸(DNA)的重要组成部分。RNA 参与蛋白质和酶的生物合成,DNA 是传送遗传密码的要素,它们是人类生命活动中非常重要的物质。

二、双糖类

双糖是由两个单糖分子脱水缩合而成。常见的双糖有蔗糖、麦芽糖和乳糖,它们的分子式均为 $C_{12}H_{22}O_{11}$,互为同分异构体。

(一)蔗糖

1. 蔗糖的结构特征

日常生活中食用的红糖、白糖、冰糖等都是蔗糖,可以从甘蔗和甜菜中提取。蔗糖是由 1 分子 α-吡喃葡萄糖 C1 的羟基与 1 分子 β-呋喃果糖 C2 上的羟基脱去 1 分子水缩合而成的糖苷。蔗糖的哈沃斯式为

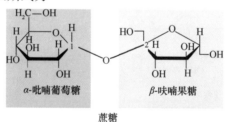

α-吡喃葡萄糖　　β-呋喃果糖

蔗糖

2. 蔗糖的性质

纯净的蔗糖是白色晶体,熔点为 168~186℃(分解),味甜,甜度仅次于果糖,易溶于水而难溶于乙醇。

由于蔗糖分子中没有**苷羟基**,无还原性,属于非还原性双糖,不能与托伦试剂、班氏试剂等弱氧化剂发生氧化反应,也不能发生成苷反应。在酸或酶的作用下,水解生成葡萄糖和果糖。

$$蔗糖 + H_2O \xrightarrow{H^+ 或酶} 葡萄糖 + 果糖$$

蔗糖水解后生成的等量的葡萄糖与果糖的混合物称为转化糖。转化糖因为含有果糖,所以甜度比蔗糖大。蔗糖富有营养,主要供食用。

链 接

蔗糖的应用

蔗糖在医药上用作矫味剂,制成糖浆应用。蔗糖加热生成的褐色焦糖,在饮料(如可乐饮

料)和食品(如酱油)中用作着色剂。

蔗糖由于具有极大的吸湿性和溶解性,因此能形成高度浓缩的高渗透压溶液,对微生物有抑制作用,利用此性质,食品工业将蔗糖大规模用于果脯、果酱的生产,医药上则其用作防腐剂和抗氧剂。

(二) 麦芽糖

麦芽糖在自然界以游离态存在的很少,主要存在于发芽的谷粒尤其是麦芽中,因此得名。淀粉可在淀粉酶的作用下水解生成麦芽糖。

1. 麦芽糖的结构特征

麦芽糖是由 2 分子葡萄糖脱去 1 分子水缩合而成的,2 个葡萄糖分子之间通过 α-1,4 苷键相结合。麦芽糖的哈沃斯式为

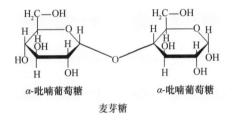

α-吡喃葡萄糖　　　　α-吡喃葡萄糖

麦芽糖

2. 麦芽糖的性质

麦芽糖为白色晶体,易溶于水,有甜味,甜度约为蔗糖的 70%,是饴糖的主要成分,有营养价值,可用作糖果以及细菌的培养基。

麦芽糖分子中有一个苷羟基,具有还原性,是还原性双糖。它能与托伦试剂、班氏试剂作用,也能发生成苷反应和成酯反应。

麦芽糖是淀粉水解的中间产物。在酸或酶的作用下,1 分子麦芽糖能水解生成 2 分子葡萄糖。

$$\text{麦芽糖} + H_2O \xrightarrow{H^+\text{或酶}} \text{葡萄糖} + \text{葡萄糖}$$

(三) 乳糖

乳糖存在于哺乳动物的乳汁中而得名,牛乳中含 40~50g/L,人乳中含 60~70g/L。乳糖是奶酪工业的副产品。

1. 乳糖的结构特征

乳糖分子是由 1 分子 β-半乳糖 C1 上的羟基与另一分子 α-吡喃葡萄糖 C4 上的羟基脱去 1 分子水缩合而成的。乳糖的哈沃斯式为

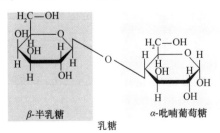

β-半乳糖　　　　α-吡喃葡萄糖

乳糖

2. 乳糖的性质

乳糖是白色粉末,有甜味但甜度较小,在水中溶解度小,吸湿性小,医药上常用作散剂、片剂的填充剂。

乳糖分子中有一个游离的苷羟基,因此具有还原性,能与托伦试剂、班氏试剂作用,也能发生成苷反应和成酯反应。

在酸或酶的作用下,乳糖能水解生成 1 分子 β-半乳糖和 1 分子葡萄糖。

$$乳糖 + H_2O \xrightarrow{H^+ 或酶} 半乳糖 + 葡萄糖$$

链 接

乳糖的营养价值

乳糖存在于乳类及其制品中,是婴幼儿所需要的重要营养物质。乳糖在肠道中可以促进双歧杆菌的生长,有利于杀灭致病菌。母乳中乳糖含量较高,因此用母乳喂养婴儿较少引起腹泻。乳糖还可以促进膳食钙等物质的吸收。

即时练

①不具有还原性的双糖是哪一种糖?为什么?

②如何用化学方法鉴别下列各组糖类?

A. 葡萄糖、蔗糖　　　　B. 麦芽糖、蔗糖

三、多 糖 类

多糖是由多个单糖分子间脱水缩合,通过苷键连接而成的天然高分子化合物。可用通式 $(C_6H_{10}O_5)_n$ 来表示,它们不是纯净物,而是混合物。多糖广泛存在于动植物体内,与人类关系最密切的多糖有淀粉、糖原和纤维素等。还有一些多糖如黏多糖、血型物质等,具有复杂多样的生理功能,在生物体内起着重要作用。

根据组成多糖的单元是否相同,可将多糖分为**匀多糖**和**杂多糖**。匀多糖是指由相同的单糖脱水缩合而成的多糖,如淀粉、糖原、纤维素等;杂多糖是指由不同的单糖脱水缩合而成的多糖,如硫酸软骨素、肝素、α-球蛋白等。

多糖没有甜味,大多数不溶于水,少数溶于水而形成胶体溶液。因多糖分子中的苷羟基几乎被结合成氧苷键,所以多糖无还原性,属于非还原性糖,不能与班氏试剂、托伦试剂等弱氧化剂发生氧化反应。在酸或酶的作用下,能够水解,最终产物为单糖。

(一)淀粉

淀粉是绿色植物进行光合作用的主要产物,是植物储存营养物质的一种形式。它广泛存在于植物的种子和块茎中,如大米中的含量约为 80%,小麦中约含有 70%,是人类最主要的食物。

组成淀粉的基本单元是 α-葡萄糖。天然淀粉是无色无味的白色粉状物,根据结构不同,淀粉可分为直链淀粉和支链淀粉。图 7-3 和图 7-4 分别为直链淀粉和支链淀粉的结构。淀粉中直链淀粉约为 20%,支链淀粉约为 80%。直链淀粉存在于淀粉的内层,一般由数百到数千个 α-葡萄糖单元组成,葡萄糖单元之间是 α-1,4 苷键,在热水中有一定的溶解度,不成糊状,所以又称可溶性淀粉。支链淀粉存在于淀粉外层,组成淀粉的皮质,

一般由数千到数万个 α-葡萄糖单元组成,链中的葡萄糖单元之间是以 α-1,4 苷键结合,链与链之间是以 α-1,6 苷键相连接,在热水中膨胀而成糊状。糯米之所以黏性较强,就是因为含支链淀粉较多。

图 7-3　直链淀粉结构

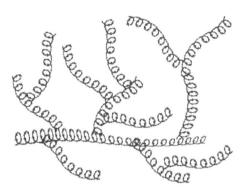

图 7-4　支链淀粉结构

直链淀粉遇碘显深蓝色,这个反应十分灵敏,加热蓝色即消失,冷却后又复现蓝色。支链淀粉与碘作用显蓝紫色。

淀粉在酸或酶的作用下,通过一系列水解,最后得到葡萄糖。

$$(\text{C}_6\text{H}_{10}\text{O}_5)_n \xrightarrow{\text{水}} (\text{C}_6\text{H}_{10}\text{O}_5)_m \xrightarrow{\text{水}} \text{C}_{12}\text{H}_{22}\text{O}_{11} \xrightarrow{\text{水}} \text{C}_6\text{H}_{12}\text{O}_6$$

淀粉　　　　　糊精　　　　麦芽糖　　　葡萄糖

淀粉是发酵工业、制药工业的重要原料,在药物制剂中用作赋形剂。

(二) 糖原

糖原是人和动物体内储存葡萄糖的一种多糖,又称肝糖或动物淀粉,属匀多糖。存在于肝脏中的糖原称肝糖原,存在于肌肉中的糖原称肌糖原。

糖原的组成单元是 α-葡萄糖,结构与支链淀粉相似,但支链更多、更稠密、相对分子质量更大,各支链点之间的间隔大约是 5 个或 6 个葡萄糖单元。

糖原是无定形粉末,不溶于冷水,溶于热水成透明胶体溶液,与碘作用显红棕色。糖原水解的最终产物是 α-葡萄糖。

糖原在体内的储存对维持人体血糖浓度的相对稳定性具有重要的调节作用。当血糖浓度升高时,多余的葡萄糖就聚合成糖原储存于肝内;当血糖浓度降低时,肝糖原就分解成葡萄糖进入血液,以保持血糖浓度正常。肌糖原是肌肉收缩和运动所需的主要能源。

(三) 非淀粉多糖

非淀粉多糖又称不可利用多糖,是不能被人体消化吸收的糖类,包括纤维素、半纤维素、果胶等。非淀粉多糖的结构与直链淀粉相似。

纤维素是自然界分布最广的多糖,其组成单元是β-葡萄糖,即葡萄糖以β-1,4糖苷键结合。它是构成植物细胞壁的基础物质。木材中含纤维素50%~70%,棉花是含纤维素最多的物质,含量高达98%。

纯粹的纤维素是白色固体,不溶于水,较难水解。在高温下和无机酸共热,方能水解成葡萄糖。食草动物依靠消化道内微生物所分泌的纤维素水解酶能把纤维素水解成葡萄糖,所以食草动物可以草为食,而人却没有这种功能,因此纤维素不能直接被人类消化利用。

链 接

膳 食 纤 维

膳食纤维可分为可溶性膳食纤维和不溶性膳食纤维。可溶性膳食纤维包括果胶、树胶、黏质和少量半纤维素,可吸水膨胀,并能被肠道微生物分解;它具有吸水、黏滞作用和结合胆汁酸的作用,具有防止胆结石形成、防止结肠癌、防止能量过剩和肥胖等作用。不溶性膳食纤维主要包括纤维素、大部分半纤维素和木质素,不溶于水,也不能被肠道微生物分解。木质素具有较强结合胆汁酸的作用,并将其排出体外,因此有降血脂的作用。多吃蔬菜、水果以保持摄入一定量的膳食纤维对,人类健康是有益的。

在药物制剂中,纤维素经处理后可用作片剂的黏合剂、填充剂、崩解剂、润滑剂和良好的赋形剂。

果胶是聚半乳糖醛酸,组成和结构较复杂。苹果、柑橘、柠檬、柚子等果皮中约含30%果胶,是果胶的最丰富来源。饮食中摄入果胶,可促进粪便中脂肪、中性类固醇及胆汁的排泄。增加中性类固醇的排泄有利于降低与性激素有关癌症的患病率,多吃水果有利于将刺激癌症发作的过多激素排出体外。

 目 标 检 测

一、自我小结填空

糖类	组成与结构	还原性	是否水解及产物	其他化学性质
葡萄糖	多羟基_____,分子式:_____;	_____性糖,能与托伦试剂发生氧化反应,生成		
果糖	多羟基_____,分子式:_____;	_____,产生银镜,与班氏试剂发生氧化反应,生成__	不能水解	发生成苷反应和成酯反应
核糖	多羟基_____,分子式:_____;	_____色的_____沉淀。		
脱氧核糖	多羟基_____,分子式:_____	后者常常用于血糖或者尿糖检测		
蔗糖	由1分子_____糖和1分子_____糖(α-1,2苷键)脱水而成。无_____羟基	无苷羟基,属于_____糖,_____与托伦试剂和班氏试剂作用	水解,产物是_____	发生成苷反应和成酯反应
麦芽糖	由两分子的_____糖(_____键)脱水缩合而成	属于_____糖,能与_____试剂和_____试剂发生氧化反应,分别产生_____色和_____色的沉淀	水解,产物是_____	发生成苷反应和成酯反应

续表

糖类	组成与结构	还原性	是否水解及产物	其他化学性质
乳糖	由1分子的_____糖和1分子的_____糖(_____键)脱水缩合而成	蔗糖、麦芽糖、乳糖的分子式是_____。它们互为_____体	水解,产物是_____	发生成苷反应和成酯反应
淀粉	由许多分子的α-葡萄糖_____而成	属于_____糖,不能与托伦试剂和班氏试剂作用	水解,终产物是_____	与碘作用变蓝
糖原	由许多分子的α-葡萄糖_____而成。存在于动物的_____和_____中	属于_____糖,不能与托伦试剂和班氏试剂作用	水解,终产物是_____	与碘作用显红棕色
纤维素	由许多分子的β-葡萄糖_____而成	属于_____糖,不能与托伦试剂和班氏试剂作用	水解,终产物是_____	

二、名词解释

1. 还原性糖
2. 醛糖
3. 酮糖
4. 血糖
5. 尿糖

三、简答题

1. 淀粉、纤维素和糖原是否互为同分异构体?
2. 如何检验糖尿病患者尿液中的葡萄糖?
3. 哪些糖有苷羟基? 它与糖的还原性有何关系?
4. 为什么多糖不具有还原性?

四、单项选择题

1. 下列说法正确的是( )。
   A. 糖类都有甜味
   B. 糖类均可水解
   C. 糖类都符合通式 $C_n(H_2O)_m$
   D. 糖类含有 C、H、O 三种元素

2. 单糖不能发生的化学反应是( )。
   A. 银镜反应　　　B. 水解反应
   C. 成苷反应　　　D. 成酯反应

3. 临床上用于检验糖尿病患者尿液中葡萄糖含量的试剂是( )。
   A. 托伦试剂　　　B. Cu_2O
   C. 班氏试剂　　　D. CuO

4. 下列物质中,不属于糖类的是( )。
   A. 甘油　　　　　B. 葡萄糖
   C. 纤维素　　　　D. 淀粉

5. 下列糖最甜的是( )。
   A. 葡萄糖　　　　B. 蔗糖
   C. 麦芽糖　　　　D. 果糖

6. 麦芽糖水解的产物是( )。

   A. 葡萄糖
   B. 半乳糖和葡萄糖
   C. 葡萄糖和果糖
   D. 果糖和核糖

7. 下列糖中属非还原性糖的是( )。
   A. 果糖　　　　　B. 麦芽糖
   C. 乳糖　　　　　D. 蔗糖

8. 淀粉水解的最终产物是( )。
   A. 蔗糖　　　　　B. 葡萄糖
   C. 乳糖　　　　　D. 果糖

9. 血糖通常是指血液中的( )。
   A. 蔗糖　　　　　B. 红糖
   C. 葡萄糖　　　　D. 果糖

10. 糖原遇碘显( )。
    A. 红棕色　　　　B. 褐色
    C. 蓝色　　　　　D. 黄色

11. 下列糖中,人体消化酶不能消化的是( )。
    A. 纤维素　　　　B. 淀粉
    C. 蔗糖　　　　　D. 冰糖

12. 下列不是同分异构体的是( )。
    A. 麦芽糖和乳糖
    B. 脱氧核糖和核糖
    C. 蔗糖和乳糖
    D. 蔗糖和麦芽糖

13. 蔗糖的水解产物是( )。
    A. 葡萄糖
    B. 葡萄糖和果糖
    C. 葡萄糖和半乳糖
    D. 果糖

14. 下列糖中不属于二糖的是( )。
    A. 蔗糖　　　　　B. 麦芽糖

C. 乳糖　　　　　D. 果糖

15. 下列糖属于酮糖的是(　　)。
A. 蔗糖　　　　　B. 葡萄糖
C. 乳糖　　　　　D. 果糖

16. 下列糖遇碘变蓝色的是(　　)。
A. 纤维素　　　　B. 淀粉
C. 糖原　　　　　D. 麦芽糖

17. 下列糖的组成单元仅为 α-葡萄糖的是(　　)。
A. 蔗糖　　　　　B. 淀粉
C. 纤维素　　　　D. 乳糖

五、填空题

1. 从化学结构上,糖类化合物是_____或_____以及它的脱水缩合物。

2. 根据水解情况,糖类化合物可分为_____糖、_____糖和_____糖三类。

3. 血液中的_____称为血糖,正常人的血糖含量范围为_____ mmol/L。临床上常用_____试剂来检查尿液中的葡萄糖。

4. 淀粉遇碘显_____色,糖原遇碘显_____色。

5. 糖原分为_____和_____。

6. 常见的双糖有_____、_____和_____。

7. 糖苷由_____和_____两部分组成。糖苷中_____基与_____基之间是通过_____键结合的。

8. 多糖分子中没有苷羟基,所以多糖属于_____糖,不能与托伦试剂、班氏试剂作用。

9. 天然淀粉由_____淀粉和_____淀粉组成。淀粉在酸或酶的作用下能水解生成_____。

10. 葡萄糖和果糖的分子式均为_____,它们互为_____。

11. 班氏试剂可被单糖还原生成_____色的_____沉淀。在临床上,常用这一反应来检验尿糖。

12. 蔗糖、麦芽糖和乳糖三者的分子式均为_____,它们互为_____。

六、利用化学性质鉴别下列物质

1. 果糖、蔗糖

2. 淀粉、葡萄糖

3. 淀粉、葡萄糖、蔗糖

第4节　生命的物质基础——蛋白质

　　蛋白质广泛存在于生物体内,是一切细胞的重要组成成分,动物的肌肉、皮肤、发、毛、蹄、角等的主要成分都是蛋白质,其约占人体除水外剩余质量的一半。一切重要的生命现象和生理功能都与蛋白质密切相关,如在生物新陈代谢中起催化作用的酶,起调节作用的激素,运输氧气的血红蛋白,以及引起疾病的细菌、病毒,抵抗疾病的抗体等,都含有蛋白质。机体的运动、消化、生长、遗传和繁殖等都与蛋白质、核酸密切相关。蛋白质和核酸被称为生命的物质基础,没有蛋白质就没有生命。

一、氨　基　酸

 案例 7-4

催　产　素

　　临床上使用的催产素是一种多肽。1953 年,美国生化学家文森特·杜维尼奥第一次人工合成了它,并因此获得 1955 年的诺贝尔化学奖。催产素的氨基酸组成及排列顺序可缩写为

半胱 — 酪 — 异亮 — 谷 — 天冬 — 半胱 — 脯 — 亮 — 甘
　　|　　　　　　　　　　　　　　　　　|　　　　　　NH₂
　　S　　　　　　　　　　　　　　　　　S
　　　　　　　　　　　　催　产　素

　　催产素是一种哺乳动物激素,它不是女性的专利,男女都会分泌。当一个人的催产素水平升高时,即便是对完全陌生的人也会变得更加慷慨,更加有爱心,因此催产素被戏称为"爱情激素"或"道德分子"。

问题:1. 什么是氨基酸？氨基酸的结构是怎样的？

2. 催产素是由多少个氨基酸,通过何种化学键形成的？其中有多少个肽键？

氨基酸在自然界主要以多肽或蛋白质的形式存在于动植物体内,游离态的氨基酸在自然界存在很少。氨基酸是构成蛋白质的基本单位。

(一) 氨基酸的结构特征

氨基酸是一类既含有羧基又含有氨基的有机化合物。羧基(—COOH)和氨基(—NH_2)是氨基酸的官能团,羧基是酸性基团,氨基是碱性基团。氨基连在 α-碳上的为 α-氨基酸,天然氨基酸均为 α-氨基酸。α-氨基酸的结构通式如图 7-5 所示。

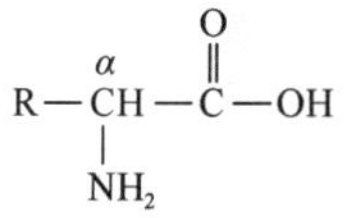

$$R-\overset{\alpha}{\underset{NH_2}{CH}}-\overset{O}{\overset{\|}{C}}-OH$$

图 7-5　氨基酸的结构通式

(二) 常见氨基酸

已经发现的天然氨基酸有 300 多种,其中人体所需的氨基酸约有 22 种。表 7-1 是一些重要的 α-氨基酸。

表 7-1　重要的 α-氨基酸

名称	等电点	结构式	字母代号
甘氨酸(α -氨基乙酸)	5.97	CH_2-COOH $\|$ NH_2	G
丙氨酸(α -氨基丙酸)	6.00	$CH_3-CH-COOH$ $\|$ NH_2	A
*缬氨酸(α -氨基异戊酸)	5.96	$CH_3CH-CH-COOH$ $\|\quad\|$ $CH_3\ NH_2$	V
*亮氨酸(α -氨基异己酸)	6.02	$CH_3CHCH_2CHCOOH$ $\|\qquad\|$ $CH_3\quad NH_2$	L
*异亮氨酸(β -甲基- α -氨基戊酸)	5.98	$CH_3CH_2CHCHCOOH$ $\|$ CH_3NH_2	I
*苏氨酸(β -羟基- α -氨基丁酸)	6.53	$CH_3CHCHCOOH$ $\|\ \ \|$ $OHNH_2$	T
*甲硫氨酸(γ -甲硫基- α -氨基丁酸) (蛋氨酸)	5.74	$CH_3-S-CH_2CH_2CHCOOH$ $\|$ NH_2	M
半胱氨酸(β -巯基- α -氨基丙酸)	5.07	$CH_2-CH-COOH$ $\|\quad\|$ $SH\quad NH_2$	C

续表

名称	等电点	结构式	字母代号
谷氨酸（α-氨基戊二酸）	3.22	$\begin{array}{c}HOOC—CH_2—CH_2CH—COOH\\ \mid\\ NH_2\end{array}$	E
*赖氨酸（α，ε-二氨基己酸）	9.74	$\begin{array}{c}CH_2—(CH_2)_3—CH—COOH\\ \mid\qquad\qquad\quad\mid\\ NH_2\qquad\qquad NH_2\end{array}$	K
精氨酸（δ-胍基-α-氨基戊酸）	10.76	$\begin{array}{c}NH_2—C—NH—(CH_2)_3—CH—COOH\\ \parallel\qquad\qquad\qquad\quad\mid\\ NH\qquad\qquad\qquad\quad NH_2\end{array}$	R
*苯丙氨酸（β-苯基-α-氨基丙酸）	5.48	$\begin{array}{c}\text{〇}—CH_2CHCOOH\\ \mid\\ NH_2\end{array}$	F
酪氨酸（β-对羟苯基-α-氨基丙酸）	5.66	$\begin{array}{c}HO—\text{〇}—CH_2CHCOOH\\ \mid\\ NH_2\end{array}$	Y
脯氨酸（α-羧基四氢吡咯）	6.30	〇-COOH	P
*色氨酸（β-3-吲哚-α-氨基丙酸）	5.89	$\begin{array}{c}CH_2CHCOOH\\ \mid\\ NH_2\end{array}$	W

注：表中标有 * 号的为必需氨基酸，即在人体内不能合成，必须由食物供给的氨基酸。

链 接

必需氨基酸的来源

构成蛋白质的氨基酸有 20 多种，其中有 8 种（缬氨酸、赖氨酸、蛋氨酸、亮氨酸、异亮氨酸、苏氨酸、苯丙氨酸和色氨酸）是人体不能合成的，需要从食物中摄取，称为必需氨基酸。通常，谷类食品比较缺乏赖氨酸，而豆类食品富含缬氨酸，两种食品混食，可以相互取长补短，满足人类需要。

（三）氨基酸的分类

1）根据分子中烃基的不同，把氨基酸分为脂肪族氨基酸、芳香族氨基酸和杂环氨基酸。

2）根据分子中所含的羧基和氨基的相对数目，把氨基酸分为：中性氨基酸（一羧基一氨基）、酸性氨基酸（二羧基一氨基）和碱性氨基酸（一羧基二氨基）。

即时练

仔细观察表 7-1 中常见的氨基酸，属于中性氨基酸的有＿＿＿＿，属于酸性氨基酸的有＿＿＿＿，属于碱性氨基酸的有＿＿＿＿，属于芳香族氨基酸的有＿＿＿＿。

（四）氨基酸的命名

氨基酸的命名，通常按其来源或性质而得俗名。例如，天门冬氨酸最初是从植物天门冬的幼苗中发现而得名，甘氨酸因具有甜味而得名。

氨基酸的系统命名法与羟基酸相同，即以羧酸为母体，氨基当作取代基来命名。也可用希腊字母来标明氨基的位置而命名。

$$\overset{\beta}{CH_3}—\overset{\alpha}{CH}—COOH$$
$$\mid$$
$$NH_2$$

$$HOOC—\overset{\gamma}{CH_2}—\overset{\beta}{CH_2}—\overset{\alpha}{CH}—COOH$$
$$\mid$$
$$NH_2$$

α-氨基丙酸　　　　　　　　　　α-氨基戊二酸

（五）氨基酸的性质

【物理性质】 氨基酸都是无色晶体,熔点较高,约在 230℃ 以上,大多没有确切的熔点,熔融时分解并放出 CO_2。氨基酸大都能溶于强酸和强碱溶液中;除胱氨酸、酪氨酸外,均溶于水;除脯氨酸和羟脯氨酸外,均难溶于乙醇和乙醚。各种 α-氨基酸的钠盐、钙盐都溶于水。谷氨酸的钠盐则有鲜味,是味精的主要成分。

【化学性质】 氨基酸分子是复合官能团的化合物,分子中的官能团是氨基($—NH_2$)和羧基($—COOH$),因此,其化学性质主要由这两个基团决定,如酸碱性、生成肽的反应等。

1. 两性电离和等电点

氨基酸分子中含有酸性的羧基和碱性的氨基,是两性化合物。氨基酸是两性电解质,溶于水时羧基给出质子形成阴离子即酸式电离,氨基接受质子形成阳离子即碱式电离。所以氨基酸既能跟酸反应,又能跟碱反应,生成盐。例如:

$$
\begin{array}{c}
CH_2—COOH \\
| \\
NH_2
\end{array}
+ HCl \longrightarrow
\begin{array}{c}
CH_2—COOH \\
| \\
NH_3^+ \; Cl^-
\end{array}
$$

$$
\begin{array}{c}
CH_2—COOH \\
| \\
NH_2
\end{array}
+ NaOH \longrightarrow
\begin{array}{c}
CH_2—COONa \; +H_2O \\
| \\
NH_2
\end{array}
$$

氨基酸分子内的氨基与羧基之间也可相互作用,氨基能接受由羧基上电离出的氢离子,而成为两性离子(内盐)。

$$
\begin{array}{c}
\quad\quad O \\
\quad\quad \| \\
R_1—CH—C—OH \\
| \\
NH_2
\end{array}
\longrightarrow
\begin{array}{c}
\quad\quad O \\
\quad\quad \| \\
R_1—CH—C—O^- \\
| \\
NH_3^+
\end{array}
$$

两性离子(分子内盐)

这种内盐形态的离子同时带有正电荷与负电荷,称为**两性离子**。

氨基酸在溶液中所带电荷由溶液的 pH 来决定。在某一特定 pH 时,氨基酸主要以两性离子的形式存在,其所带正、负电荷相等,处于等电状态,我们把这个 pH 称为该氨基酸的**等电点**,用 pI 表示。pI 是氨基酸的重要常数之一,在等电点时氨基酸溶解度最小,可以利用调节等电点的方法纯化氨基酸混合物。

氨基酸在酸碱性溶液中的变化,可表示如下:

$$
\begin{array}{c}
R—CH—COOH \\
| \\
NH_2
\end{array}
$$

$$
R—CH—COO^- \;\; \underset{OH^-}{\overset{H^+}{\rightleftharpoons}} \;\; R—CH—COO^- \;\; \underset{OH^-}{\overset{H^+}{\rightleftharpoons}} \;\; R—CH—COOH
$$

阴离子	两性离子	阳离子
溶液pH>pI	溶液pH=pI	溶液pH<pI

即时练

①甘氨酸在 pH 等于 3.0、7.4、9.0 的溶液中,分别以哪种离子形式存在?

②已知谷氨酸的 pI = 3.22,它在水中的主要存在形式为( )。

A. 中性分子　B. 阴离子　C. 阳离子　D. 两性离子

2. 成肽反应

两个 α-氨基酸分子在酸或酶存在的条件下,受热脱水生成二肽。例如:

$$H_2N-\overset{\overset{H}{|}}{\underset{\underset{R_1}{|}}{C}}-\overset{\overset{O}{||}}{C}-OH + H-NH-\overset{\overset{H}{|}}{\underset{\underset{R_2}{|}}{C}}-\overset{\overset{O}{||}}{C}-OH \xrightarrow{\text{酶或}H^+} H_2N-\overset{\overset{H}{|}}{\underset{\underset{R}{|}}{C}}-\overset{\overset{O}{||}}{C}-NH-\overset{\overset{H}{|}}{\underset{\underset{R_2}{|}}{C}}-\overset{\overset{O}{||}}{C}-OH + H_2O$$

二肽分子中的酰胺键($\overset{\overset{O}{||}\overset{H}{|}}{-C-N-}$)结构,称为**肽键**。二肽还可以再和另一个氨基酸分子继续脱水以肽键结合,生成三肽。以此类推可以生成四肽、五肽……不同的氨基酸分子通过多个肽键连接起来,形成多肽。例如:

$$H_2N-\underset{\underset{R_1}{|}}{\overset{\overset{H}{|}}{C}}-\overset{\overset{O}{||}}{C}-NH-\underset{\underset{R_2}{|}}{\overset{\overset{H}{|}}{C}}-\overset{\overset{O}{||}}{C}-NH-\underset{\underset{R_3}{|}}{\overset{\overset{H}{|}}{C}}-\overset{\overset{O}{||}}{C}-NH-\underset{\underset{R_4}{|}}{\overset{\overset{H}{|}}{C}}-\overset{\overset{O}{||}}{C}- \cdots -\underset{\underset{R_n}{|}}{\overset{\overset{H}{|}}{C}}-\overset{\overset{O}{||}}{C}-OH$$

N端   C端

多肽

所以**肽**是由两个或两个以上氨基酸分子脱水后以肽键连接的化合物。肽链中每个氨基酸单位通常称为氨基酸残基。肽链中具有游离氨基的一端,称为 N 端,通常写在左边;具有游离羧基的一端,称为 C 端,通常写在右边。多种氨基酸分子按不同的顺序以肽键相互结合,可以形成千百万种具有不同理化性质和生理活性的多肽链。相对分子质量在 10000 以上的,并具有一定空间结构的多肽称为蛋白质。

即时练

　　肽键的结构式为:_____;由甲硫氨酸(M)、缬氨酸(V)、谷氨酸(E)三个不同的氨基酸分子可以形成_____种三肽,每个肽中有_____个肽键。

3. 茚三酮反应

　　α-氨基酸与茚三酮水溶液一起加热,能生成蓝紫色的化合物。这个反应非常灵敏,是鉴别 α-氨基酸常用的方法之一。反应现象如彩图 7-2(b)所示。

即时练

　　用化学方法区别甘氨酸溶液和葡萄糖溶液。

二、蛋 白 质

　　蛋白质占人体质量的 16.3%。人体内蛋白质的种类很多,性质、功能各异,但都是由 20 多种氨基酸按不同比例组合而成的,并在体内不断进行代谢与更新。

 案例 7-5

大众美食——豆制品

　　豆浆、豆腐等都是由黄豆加工而成的豆制食品。由于其营养丰富、物美价廉,深受人们喜爱,大豆(俗称黄豆)中的蛋白质含量很高,占 35%~40%。不同的食用方法对蛋白质的吸收差异很大,其中将黄豆做成豆腐或豆浆食用,其消化率可达 90% 以上!豆浆不仅营养丰富,而且还有清肺化痰、降血压、降血脂的药用价值。研究表明:糖尿病患者每天饮一杯淡豆浆,可以控制血糖升高。

问题:1. 什么是蛋白质?

　　2. 大豆制作成豆浆、豆腐等过程是利用了蛋白质的哪些性质?

（一）蛋白质的元素组成和分类

蛋白质虽然种类繁多,结构复杂,但其组成元素并不多,由 α-氨基酸的组成元素可知,组成蛋白质的主要元素是 C、H、O、N 四种元素,多数蛋白质含 S 元素,其近似含量见表 7-2。有些蛋白质还含有 P、Fe、Mn、Zn、Ca、Cu、Mg 等。

表 7-2　蛋白质组成元素的近似含量

蛋白质中存在的元素	近似含量(%)	蛋白质中存在的元素	近似含量(%)
C	50	多数含 S	0~3
H	7	一些含 P	0~3
O	23	少数含 Fe、Mn、Zn、Ca、Cu、Mg	微量
N	16		

生物体中的 N 元素几乎都存在于蛋白质中,称为蛋白氮,且含量近似恒定,即 100g 蛋白质含有 16g N,1g N 存在于 6.25g 蛋白质中,这个 6.25 称为蛋白质系数,化学分析中可测定生物体中的 N 含量来计算蛋白质的含量。

 案例 7-6

三聚氰胺与毒牛奶事件

三聚氰胺是一种低毒的化工原料,分子式为 $C_3N_6H_6$,分子中三聚氰胺含氮量高达 66.6%。动物实验结果表明,其在动物体内的代谢影响泌尿系统,长期饮用会造成婴幼儿肾结石。

2008 年 9 月,人们发现某大型牛奶公司所采购牛奶及销售出去的奶粉添加有三聚氰胺,以提高蛋白质检测数值,造成全国数千名儿童患有肾结石的毒牛奶事件。

问题:1. 为什么在奶粉中添加三聚氰胺可以提高蛋白质检测数值?

2. 添加三聚氰胺后,牛奶中的蛋白质含量是否真的提高了?

蛋白质可按化学组成不同分为单纯蛋白质和结合蛋白质。单纯蛋白质仅由 α-氨基酸组成,如球蛋白、组蛋白等。结合蛋白质由单纯蛋白质和非蛋白质两部分结合而成,如血红蛋白、核蛋白、糖蛋白等。

蛋白质也可按分子形状不同分为纤维状蛋白质和球状蛋白质。

蛋白质还可按生理功能不同分为保护蛋白、酶蛋白、激素蛋白、受体蛋白等。

（二）蛋白质的结构

任何一种蛋白质分子在天然状态下均具有独特而稳定的结构,这是蛋白质分子结构中最显著的特征。各种蛋白质的特殊功能和活性不仅取决于多肽链的氨基酸的种类、数目和排列顺序,还与其特定的空间结构密切相关。蛋白质结构的复杂性难以想象,人类对其认识还很肤浅,目前都通过模型方式来认识。

1. 一级结构

蛋白质的**一级结构**又称基本结构。它是指蛋白质分子中 α-氨基酸的连接顺序。不同的蛋白质其一级结构是不同的,这是决定蛋白质特异性的主要原因。肽键在多肽链中是连接 α-氨基酸残基的主要化学键,因此在蛋白质结构中称为主键。

2. 空间结构

空间结构决定蛋白质特有的生物学活性。蛋白质的空间结构包括二级结构、三级结构和四级结构。蛋白质分子各级结构的形态和关系如图 7-6 所示。蛋白质分子中的多肽链一般不是全部以松散的线状存在,而是部分卷曲盘旋或折叠,或整条多肽链卷曲成螺旋状,蛋白质分子的这种螺旋结构称为蛋白质的**二级结构**。氢键在维持蛋白质的二级结构中起重要作用。此外,蛋白质分子还依靠离子键、二硫键(—S—S—)、酯键($\overset{O}{\underset{-C-O-}{\parallel}}$)等作用力以一定的方式进一步折叠、扭曲,形成更复杂的**三级结构**。**四级结构**指 2 个及以上的三级结构(又称亚基)的缔合体。

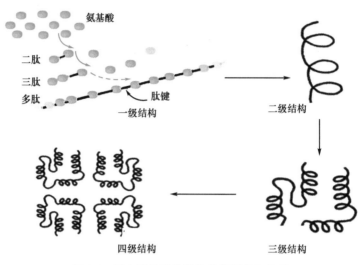

图 7-6　蛋白质分子各级结构的形态和关系

即时练

维持蛋白质一级结构的主要是_____键,维持蛋白质二级结构的主要是_____键。

(三) 蛋白质的性质

形成蛋白质的多肽链是多个氨基酸脱水形成的,在多肽链的两端还存在着自由的氨基和羧基,而且链中也有酸性或碱性基团。因此蛋白质和氨基酸一样,也是两性物质,既能和酸反应,又能和碱反应。除此之外,还具有自身的特性。

1. 蛋白质的两性电离、等电点

在强酸性溶液中蛋白质分子以阳离子形式存在,在强碱性溶液中以阴离子形式存在,只有在适宜的 pH 时,蛋白质分子才以两性离子的形式存在(分子中正负电荷相等),在电场中既不向正极移动,也不向负极移动,这时溶液的 pH 称为该蛋白质的等电点。

若以 H_2N—P—COOH 代表蛋白质分子,蛋白质在不同酸碱条件下的电离情况如下:

　　不同的蛋白质等电点不同,许多蛋白质的等电点接近于5,人体中几种蛋白质的等电点见表7-3,它们一般与体液中的 K^+、Na^+、Ca^{2+}、Mg^{2+} 等离子结合成盐。在等电点时,蛋白质的黏度、渗透压等最小,分子呈电中性,因此,易沉淀析出,溶解度最小。

表7-3　几种蛋白质的等电点

蛋白质名称	等电点 pI	蛋白质名称	等电点 pI
尿酶	5.0	血清清蛋白	4.7
胃蛋白酶	1.0	血清球蛋白	5.4
酪蛋白	4.6	鱼精蛋白	12.0
胰岛素	5.3	血红蛋白	6.7
卵清蛋白	4.6	肌球蛋白	7.0

　　血清中各种蛋白质的等电点(pI)大都低于7.0,将蛋白质置于 pH=8.6 的缓冲溶液中,它们都电离成阴离子,置于电场的负极端,在电场中均向正极移动。由于血清中各种蛋白质的等电点不同,因此在同一 pH 溶液中它们所带的电荷量不同;另外,各种蛋白质的相对分子质量、分子形状也有差异,因此,在同一电场中泳动的速度不同。蛋白质相对分子质量小带电多者,泳动速度快;相对分子质量大而带电少者,泳动速度较慢。目前在临床诊断上已广泛应用电泳法分离血清中的蛋白质。

即时练

　　正常人的体液 pH 是多少?根据所学知识,结合上述表格中的蛋白质等电点,判断人体中的蛋白质是以哪种电荷离子形式存在?

2. 蛋白质的盐析

　　同胶体溶液相似,因为蛋白质分子带有相同电荷且分子表面有一层水化膜,所以蛋白质溶液相对稳定。向蛋白质溶液中加电解质〔如 $(NH_4)_2SO_4$、Na_2SO_4〕到一定浓度时,蛋白质沉淀析出,这个作用称为**盐析**。盐析作用是由于加入的盐类离子强烈地水化,使蛋白质的水化膜遭到破坏;同时盐类带相反电荷的离子,对蛋白质的电荷也会产生吸附放电,从而降低蛋白质溶液的稳定性,使蛋白质沉淀析出。

　　这样析出的蛋白质仍可溶解在水中,而不影响原来蛋白质的性质。所以盐析是一个可逆的过程。利用这个性质,可以采用多次盐析的方法来分离、提纯蛋白质。

 链　接

全血的分离原理

　　由于不同蛋白质盐析时所需盐析浓度不同,因此可以用不同浓度的盐溶液,使不同的蛋白质分段析出,予以分离,这种方法称为分段盐析。例如,全血中的球蛋白在半饱和 $(NH_4)_2SO_4$ 溶液中即可析出,而血浆蛋白却要在饱和 $(NH_4)_2SO_4$ 溶液中才能析出。因此可以用逐渐增大盐溶液浓度的方法使不同蛋白质从溶液中分段析出,从而得以分离。医学上为患者输的"成分血"即是如此得到。

3. 蛋白质的变性

　　蛋白质在某些物理和化学因素(如加热、高压、超声波、紫外线、X 射线、强酸、强碱、重金属盐、乙醇、苯酚等)影响下,空间结构发生改变,使其理化性质和生物活性随之改变的作用,称为蛋白质的变性,变性的蛋白质称为变性蛋白质。

蛋白质变性后,溶解度减小,容易凝固沉淀,不能重新溶解于水中;同时也失去了生理活性。例如,酶经变性后不再具有催化活性。

即时练

①欲使蛋白质沉淀且不变性,宜选用( )。
A. 有机溶剂　　B. 重金属盐　　C. 浓硫酸　　D. 硫酸铵
②误食重金属盐应给患者服用大量的( )。
A. 牛奶　　　　B. 生理盐水　　C. 消毒酒精　D. 乙酸

 案例7-7

蛋白质变性原理的应用

蛋白质的变性有许多实际应用。例如,医学上用放射性核素治疗癌症,就是利用放射线使癌细胞变性而破坏。用加热、高压和用 70%~75% 乙醇以及其他化学药品进行消毒灭菌,就是由于受理化因素的影响,使细菌蛋白质变性凝固而死亡。在急救由重金属盐中毒者时,可先洗胃,然后让患者口服大量生蛋清或牛奶、豆浆等,使重金属盐与之结合生成不溶的变性蛋白质,以减少机体对重金属盐离子的吸收。临床检验上还利用蛋白质受热凝固沉淀的性质来检验尿液中的蛋白质。

问题:1. 为什么急救由重金属盐中毒者时,可口服大量蛋清或牛奶、豆浆等?
　　　2. 用加热方法消毒利用了什么原理?

4. 蛋白质的水解

蛋白质在酸、碱溶液中加热或在酶的催化下,能水解为相对分子质量较小的肽类化合物,最终逐步水解得到各种氨基酸。

蛋白质→际(初解蛋白质)→胨(消化蛋白质)→多肽→二肽→ α -氨基酸

食物中的蛋白质在人体内各种蛋白酶的作用下水解成各种氨基酸,氨基酸被肠壁吸收进入血液,再在体内重新合成人体所需要的蛋白质。传统食品如臭豆腐和豆腐乳,就是大豆蛋白在微生物作用下水解为相对分子质量较小的肽类化合物及氨基酸。

即时练

①纤维素水解最终产物是_____;油脂水解最终产物是_____、_____。
②尿素水解最终产物是_____和_____;蛋白质水解最终产物是_____。

5. 显色反应

（1）缩二脲反应

蛋白质在强碱性溶液中与硫酸铜溶液作用,显紫色或紫红色。因为蛋白质分子中含有许多肽键,所以能发生缩二脲反应,并且蛋白质的含量越多,产生的颜色也越深[彩图7-2(a)]。医学上利用这个反应来测定血清蛋白质的总量及其中清蛋白和球蛋白的含量。

（2）黄蛋白反应

含有苯环的蛋白质遇浓硝酸立即变成黄色,再加氨水后又变为橙色的反应称为**黄蛋白反应**[彩图7-2(c)]。酪氨酸、苯丙氨酸、色氨酸是含有苯环的氨基酸,这些氨基酸和含有这些氨基酸的蛋白质都可以发生黄蛋白反应。人的皮肤、指甲遇到浓硝酸会变成黄色,就是黄蛋白反应。

（3）茚三酮反应

所有蛋白质分子中都含有 α-氨基酸残基,因此都可发生茚三酮反应,生成蓝紫色化合物[彩图 7-2(b)]。所以利用茚三酮反应也可以鉴别蛋白质。

即时练

①丙氨酸和苯丙氨酸哪个可以发生黄蛋白反应?

②用化学方法区别蛋白质、甘氨酸和葡萄糖。

蛋白质是人类必需的营养物质,成年人每天要摄取 60~80g 蛋白质,才能满足生理需要,保证身体健康。肉、蛋、鱼、奶等食物富含必需氨基酸构成的蛋白质,是人体必需氨基酸的主要来源。人类从食物中摄取的蛋白质,在胃液的胃蛋白酶和胰液的胰蛋白酶作用下,经过水解生成氨基酸。氨基酸被人体吸收后,重新结合成人体所需的各种蛋白质。人体内各种组织的蛋白质也在不断地分解,最后主要生成尿素排出体外。

 目标检测

一、本节自我小结

项目	内容
氨基酸的结构	氨基酸的官能团:_____和_____; 结构通式是:_____
氨基酸的分类	酸性氨基酸:_____,主要有:_____; 碱性氨基酸:_____,主要有:_____; 中性氨基酸:_____,主要有:_____; 根据分子中烃基的不同,把氨基酸分为_____氨基酸、_____氨基酸、_____氨基酸
氨基酸化学性质	1. 两性电离和等电点 等电点:_____; 2. 成肽反应 肽键是指:_____。 3. 茚三酮反应 氨基酸与茚三酮反应产生_____色的化合物
蛋白质的组成	主要元素是_____;蛋白质系数:_____
蛋白质的结构	基本结构为一级结构:_____,主要化学键:_____; 二级结构:_____,主要化学键:_____; 三级结构:_____,主要化学键:_____; 四级结构:_____,主要化学键:_____
蛋白质的理化性质	1. 蛋白质的两性电离:分子中的残基有碱性的_____基和酸性的_____基,是产生两性电离的原因; 蛋白质的等电点:_____; 2. 变性:_____; 3. 盐析:_____; 4. 水解:_____; 5. 蛋白质的显色反应_____

续表

项目	内容
缩二脲反应:	_____;
黄蛋白反应:	_____;
茚三酮反应:	_____

二、简答题

1. 蛋白质的盐析和变性有何不同?

2. 举例说出蛋白质的变性在医学上的三种应用。

三、写出下列物质的官能团名称,并用系统命名法给下列物质命名

1. CH₂—CH—COOH
   | |
   OH   NH₂

   $$\begin{array}{cc} CH_2-CH-COOH \\ \ \ \ | \ \ \ \ \ | \\ \ \ OH \ \ \ NH_2 \end{array}$$

2. $$CH_3-CH-COOH$$
   $$\ \ \ \ \ \ \ \ | $$
   $$\ \ \ \ \ \ NH_2$$

3. $$HOOC-CH_2-CH_2-CH-COOH$$
   $$\ | $$
   $$\ NH_2$$

4. $$CH_3-CH_2-CH-CH-COOH$$
   $$\ \ \ \ \ \ \ \ \ \ \ \ \ \ \ \ | \ \ \ | $$
   $$\ \ \ \ \ \ \ \ \ \ \ \ \ CH_3 \ NH_2$$

5. ⬡—CH₂—CH—COOH
   $$\ \ \ \ \ \ \ \ \ \ \ \ \ \ \ \ \ | $$
   $$\ \ \ \ \ \ \ \ \ \ \ \ \ \ NH_2$$

6. CH₃
   |
   CH—CH—COOH
   | |
   CH₃   NH₂

四、选择题

1. 组成蛋白质的氨基酸中,人体必需氨基酸有( )。

   A. 6 种   B. 7 种   C. 8 种   D. 9 种

2. 中性氨基酸的等电点为( )。

   A. pI = 7   B. pI < 7

   C. pI > 7   D. pI 大于或等于 7

3. 氨基酸在等电点时主要存在的形式是( )。

   A. 阴离子   B. 阳离子

   C. 两性离子   D. 中性分子

4. 已知天门冬氨酸的 pI = 2.77,它在水中的主要存在形式为( )。

   A. 中性分子

   B. 阴离子

   C. 阳离子

   D. 两性离子

5. 维持蛋白质一级结构的主要化学键是( )。

   A. 肽键   B. 氢键

   C. 酯键   D. 二硫键

6. 欲使蛋白质沉淀且不变性,宜选用( )。

   A. 有机溶剂   B. 重金属盐

   C. 浓硫酸   D. 硫酸铵

7. 重金属盐中毒急救措施是给患者服用大量的( )。

   A. 牛奶   B. 生理盐水

   C. 消毒酒精   D. 乙酸

8. 下列蛋白质可以发生黄蛋白反应的是( )。

   A. 甘氨酸   B. 丙氨酸

   C. 苯丙氨酸   D. 赖氨酸

9. 下列物质不能发生水解反应的是( )。

   A. 纤维素   B. 尿素

   C. 氨基酸   D. 乙酸乙酯

10. 在下列溶液中加碱溶液后再滴入硫酸铜溶液,显紫红色的是( )。

    A. 丙甘二肽   B. 蛋白质

    C. α-氨基酸   D. 尿素

11. 临床上检验患者尿中的蛋白质是利用蛋白质受热凝固的性质,这属于蛋白质的( )。

    A. 显色反应   B. 水解反应

    C. 盐析作用   D. 变性作用

12. 下列关于酶的叙述中,不正确的是( )。

    A. 酶是一种氨基酸

    B. 酶是一种蛋白质

    C. 酶是生物体内产生的催化剂

    D. 酶受到高温或重金属盐等作用时会变性

13. 结构最简单的氨基酸是( )。

    A. 丙氨酸   B. 苯丙氨酸

    C. 酪氨酸   D. 谷氨酸

14. "13题"中,属于味精主要成分的是( )。

五、填空题

1. 组成蛋白质的基本结构单位是_____,其分子中既含有酸性的_____基,又含有碱性的_____基,属于_____化合物。氨基酸溶于水时,能进行_____电离和_____电离。

2. 蛋白质的一级结构为蛋白质分子中的 α-氨基酸的_____。

3. 由于蛋白质分子内仍有自由的_____基和
_____基,因此蛋白质是两性化合物。在等
电点时,蛋白质表现出_____最小。

4. 必需氨基酸主要有:_____等八种。

5. 酸性氨基酸主要有:_____。碱性氨基酸主要
有:_____。芳香性氨基酸主要有_____,它
们可以发生_____颜色反应。

六、完成下列反应

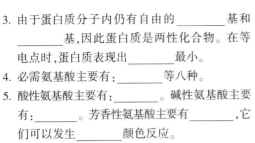

七、用化学方法鉴别下列有机化合物

1. 蛋白质、丙氨酸和葡萄糖
2. 苯丙氨酸、甘氨酸

第5节 遗传的物质基础——核酸

核酸是一种存在于生物体内的结构复杂,具有重要生理功能、酸性的高分子化合物;最初是从细胞核中分离得到的,所以称为核酸。核酸在生物体内的生命过程如生长发育、繁殖、遗传和变异等中都起着非常重要的作用。

一、 核酸的分子组成

核酸和蛋白质一样是结构复杂的高分子化合物。较小分子的核酸如转移核糖核酸(tRNA)多由 76~84 个核苷酸组成,相对分子质量约为 25000。较大的核酸分子由几万个核苷酸组成,相对分子质量可高达数百万。核酸逐步水解,可表示如下:

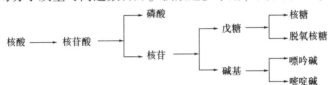

由上面图示可知核酸是由核苷酸构成的,核苷酸又是由核苷和磷酸组成的,核苷则由碱基与戊糖组成。

形成核酸时,单核苷酸之间是以核糖或脱氧核糖的 3′ 位和 5′ 位羟基通过磷酸二酯键相连接的,这就是核酸的一级结构。一般认为无论是 RNA 或 DNA 的分子都无支链结构。图 7-7 表示多聚脱氧核酸链的一段结构和 DNA 的结构模式。在缩写式中,A、T、C、G 代表碱基。

链 接

RNA 和 DNA 的区别与联系

DNA 是由脱氧核苷酸的单体聚合而成的聚合体,DNA 的单体称为脱氧核苷酸,每一种脱氧核苷酸由三部分所组成:一分子含氮碱基、一分子五碳糖(脱氧核糖)和一分子磷酸根。单个的核苷酸连成一条链,两条核苷酸链按一定的顺序排列,然后再扭成"麻花"样,就构成脱氧核糖核酸(DNA)的分子结构,DNA 是遗传物质。RNA 是由核糖核苷酸的单体聚合而成的聚合体,其单体称为核糖核苷酸。RNA 在结构上与 DNA 相似,在组成上,脱氧核糖由核糖替代,四个碱基中,胸腺嘧啶 T 由尿嘧啶 U 替代。RNA 参与遗传信息的表达过程,RNA 即核糖核

酸,是核糖核苷酸聚合而成的没有分支的长链。RNA 的相对分子质量比 DNA 小,但在大多数细胞中比 DNA 丰富。RNA 主要有三类,即信使 RNA(mRNA)、核糖体 RNA(rRNA)和转移 RNA(tRNA)。这三类 RNA 分子都是单链,但具有不同的相对分子质量、结构和功能。

DNA 由 A、T、C、G 四种碱基的脱氧核糖核酸构成,RNA 由 A、U、C、G 四种核糖核酸构成。

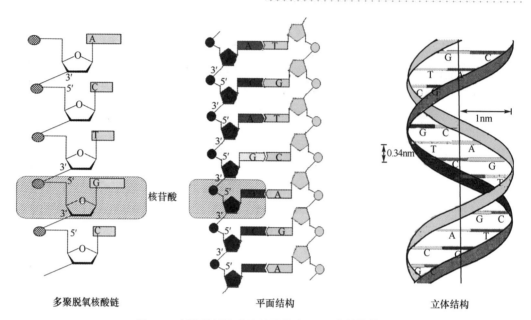

多聚脱氧核酸链　　　　　　　　平面结构　　　　　　　　立体结构

图 7-7　多聚脱氧核酸链的结构和 DNA 的结构模式

核酸分子中的核苷酸按一定顺序排列。单核苷酸的种类虽不多,但可因各种核苷酸的数目、比例和排列顺序的不同而构成各种不同的核酸大分子。

核酸分子中核苷酸的排列顺序是与核酸的生理功能相联系的。任何核苷酸排列顺序的改变,都将引起其生物学性质(如遗传)的变异。

二、核苷酸的分子组成

核苷酸是核苷的磷酸酯,是组成核酸的基本单位。根据所含戊糖不同,核苷酸分为核糖核苷酸和脱氧核糖核苷酸。

在核苷酸的分子中,磷酸结合在戊糖的 5′ 位上,如图 7-8 所示。

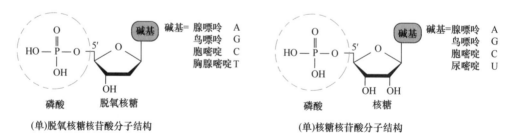

图 7-8　单脱氧核糖核苷酸和单核糖核苷酸

1979 年,我国科学工作者成功地人工合成了由 41 个核苷酸组成的核糖核酸半分子。1981 年又人工合成了具有生物活性的酵母丙氨酸转移核糖核酸,不仅为天然核糖核酸的人工合成打开了通路,而且对进一步研究核糖核酸的结构与功能的关系,开展遗传工程以及病毒、肿瘤等的研究具有重要的意义。

链　接

DNA 结构的发现

　　1952 年,美国化学家鲍林发表了关于 DNA 三链模型的研究报告,这种模型被称为 α 螺旋。沃森与威尔金斯、富兰克林等讨论了鲍林的模型。威尔金斯出示了富兰克林在一年前拍下的 DNA 的 X 射线衍射照片,沃森看出 DNA 的内部是一种螺旋形的结构,他立即产生了一种新概念,即 DNA 不是三链结构而应该是双链结构。他们继续循着这个思路深入探讨,极力将有关这方面的研究成果集中起来。根据各方面对 DNA 研究的信息和自己的研究和分析,沃森和克里克得出一个共识,即 DNA 是一种双链螺旋结构。这真是一个激动人心的发现!沃森和克里克立即行动,马上在实验室中联手开始搭建 DNA 双螺旋模型。从 1953 年 2 月 22 日起开始奋战,他们夜以继日,废寝忘食,终于在 3 月 7 日将他们想象中的美丽无比的 DNA 模型搭建成功了。

　　沃森、克里克的这个模型正确地反映出 DNA 的分子结构。此后,遗传学的历史和生物学的历史都从细胞阶段进入了分子阶段。

　　由于沃森、克里克和威尔金斯在 DNA 分子研究方面的卓越贡献,他们分享了 1962 年的诺贝尔生理医学奖。

 目标检测

一、自我小结填空

知识点	内容
核酸	是由_____聚合而成的_____化合物,是所有生物_____的携带者。根据核苷酸分子中_____的类型,将核酸分为 DNA(简称:_____)和 RNA(简称:_____)两大类
核苷酸	核苷酸由磷酸基、戊糖和含氮碱基组成,碱基包括嘌呤和嘧啶两大类
	脱氧核糖核苷酸由_____酸、_____糖,_____、_____、_____、_____四种碱基构成
	核糖核苷酸由_____酸、_____糖,_____、_____、_____、_____四种碱基构成
DNA、RNA	DNA 一般含_____、_____、_____、_____四种碱基。RNA 含_____、_____、_____、_____四种碱基。四种核苷酸按照一定的排列顺序,通过_____键相连形成的线性多核苷酸即 DNA 或者 RNA 的一级结构

二、填空题

1. 核酸的基本组成单位是_____,它是由_____和_____通过_____相连而成的化合物。

2. 脱氧核糖核酸在糖环_____位置不带羟基。

三、单选题

1. 下列关于 DNA 分子中的碱基组成不正确的是(　　)。

A. 含 A、G、C、T

B. 含 A、G、C、U

C. 含有腺嘌呤、鸟嘌呤

D. 含有胞嘧啶、尿嘧啶

2. DNA 和 RNA 彻底水解后的产物(　　)。

A. 核糖不同,部分碱基不同

B. 核糖不同,碱基相同

C. 核糖相同,部分碱基不同

D. 核糖相同,碱基相同

3. 对 DNA 的描述不正确的是(　　)。

A. 是双螺旋结构

B. 没有支链

C. 含有 A、G、C、T 四种碱基

D. 含有核糖和磷酸

4. DNA 和 RNA 两类核酸分类的主要依据是(　　)。

A. 空间结构不同

B. 所含碱基不同

C. 核苷酸之间连接方式不同

D. 所含戊糖不同

5. 游离核苷酸中,磷酸最常位于(　　)。

A. 核苷酸中戊糖的 C5′ 上

B. 核苷酸中戊糖的 C3′ 上

C. 核苷酸中戊糖的 C2′ 上

D. 核苷酸中戊糖的 C2′ 和 C5′ 上

6. 下列哪一种碱基只存在于 RNA 而不存在于 DNA 中(　　)?

A. 腺嘌呤　　　　　B. 胞嘧啶

C. 尿嘧啶　　　　　D. 鸟嘌呤

实践与技能模块

第一部分 实践的基本知识与技能模块

一、有机化学实验规则

有机化学实验知识是中等卫生职业学校医药类及相关专业学生必备的知识之一。通过实验可以验证、巩固和扩大课堂的基本理论和知识,正确地掌握实验的基本操作技能,培养仔细观察、周密思考和分析问题的能力,养成实事求是、严肃认真的科学态度。同时,有机化学实验也是培养21世纪高素质的医药卫生类应用人才,提高其职业岗位技能的重要组成部分。为保证实验课安全、顺利完成,且收效良好,实验者必须懂得与有机化学实验相关的一些基本知识和规则。

(一) 有机化学实验室规则

为了保证有机化学实验正常进行,培养良好的实验方法,并保证实验室的安全,学生必须严格遵守有机化学实验室规则。

(1) 实验前必须认真预习有关实验的全部内容。通过预习,明确实验目的、要求及实验的基本原理、步骤和操作方法,熟悉实验所需的药品、仪器和装置,了解实验中的注意事项。

(2) 实验前首先要检查仪器是否完整无损,如果发现有破损或缺少,应立即报告教师,按规定手续登记补领。再检查仪器是否干净(或干燥),若有污物,应洗净(或干燥)后才可使用,否则会给实验带来不良影响。实验时仪器若有损坏,也应按规定手续换取新仪器。未经教师同意,不得拿用其他位置上的仪器。

(3) 实验时应保持安静,严格遵守操作规程,仔细观察现象,实事求是地记录结果。

(4) 实验时应保持实验室和桌面清洁整齐。火柴梗、废纸、废液等应投入废液钵中,严禁投入或倒入水槽内,以防水槽和下水道管道堵塞或腐蚀。

(5) 实验时要爱护财物,小心地使用仪器和实验设备,注意节约水、电、药品。使用精密仪器时,应严格按照操作规程进行,要谨慎细致。如果发现仪器有故障,应立即停止使用,及时报告指导教师。

(6) 药品要按需取用,自药品瓶中取出的药品,不应倒回原瓶中,以免带入杂质;取用药品后,应立即盖上瓶塞,以免搞错瓶塞,污染药品,并随即将药品放回原处。

(7) 实验时要求按正确操作方法进行,注意安全。要严格遵守安全守则与每个实验的安全注意事项。一旦发生意外事故,应立即报告指导教师,采取有效措施,迅速排除事故。

(8) 服从指导教师的指导,有事要先请假,必须取得教师同意后,才能离开实验室。

(9) 实验完毕后应将玻璃仪器洗涤干净,放回原处。清洁并整理好桌面,打扫干净

水槽和地面,最后洗净双手。

(10) 学生轮流值日,打扫、整理实验室。值日生应负责打扫卫生,整理试剂架上的药品(试剂)与公共器材,检查水、电、窗等是否关闭。实验室的一切物品(仪器、药品和实验产物等)不得带离实验室。

(11) 实验完毕,及时整理实验记录,写出完整的实验报告,按时上交给教师审阅。

(二) 实验室安全规则

为了确保操作者、仪器设备及实验室的安全,每个进入实验室的学生,都应遵守有关规章制度,并对一般的安全常识有所了解。

(1) 实验室要配备安全设备,如消防灭火设备、报警设备、排风系统等。进入实验室后,应弄清它们的位置,学会它们的使用方法。充分熟悉安全用具(如石棉布、灭火器、砂桶以及急救箱)的放置地点和使用方法,并多加爱护。安全用具及急救药品不准移作他用。若实验课时充足,可进行相关训练。

(2) 实验室严禁吸烟、饮食、喧哗、打闹,不得擅自将实验室的药品带出实验室,也不得将食品、餐具等带入实验室,以免发生事故。

(3) 易燃或有毒的挥发性有机化合物用后都应收集于指定的密闭容器中。

(4) 灼热的器皿应放在石棉网或石棉板上,不可和冷物体接触,以免破裂;也不要用手接触,以免烫伤;更不要立即放入柜内或桌面上,以免引起燃烧或损坏桌面。

(5) 普通的玻璃瓶和容量器皿均不可加热,也不可倒入热溶液,以免引起破裂或使容量不准。

(6) 特殊仪器及设备应在熟悉其性能及使用方法后才可使用,并严格按照说明书操作。当情况不明时,不得随便接通仪器电源或扳动旋钮。

(7) 用试管加热溶液时,不要将试管口指向自己或别人,不要俯视正在加热的液体,以免液体溅出,受到伤害。

(8) 嗅闻气体时,应用"招气入鼻"的方法,不要向着容器口直接闻。

(9) 使用酒精灯时,应随用随点燃,不用时盖上灯罩。不要用已点燃的酒精灯去点燃别的酒精灯,以免酒精溢出而失火。

(10) 做一切有毒气体或恶臭物质的实验,应在通风橱内进行。

(11) 禁止随意混合各种试剂药品,以免发生意外事故。

(12) 强酸、强碱或有毒试剂使用时要小心,切勿溅到眼睛内,不得进入口内或接触伤口,也不能将有毒物品随便倒入下水道。

(13) 配制溶液时,应严格按照规定步骤进行。例如,稀释浓硫酸时,应将浓硫酸慢慢倒入水中,并不断搅拌,而不能将水向浓硫酸中倒,以免喷溅。

(14) 使用易燃易爆药品时,必须远离火源。乙醚、乙醇、丙酮、苯等有机易燃物质,安放和使用时必须远离明火,取用完毕后应立即盖紧瓶塞和瓶盖。

(15) 将玻璃管(棒)或温度计插入塞中时,应先检查塞孔大小是否合适,玻璃是否平光,并用布裹住或涂些甘油等润滑剂后旋转而入。握玻璃管(棒)的手应靠近塞子,防止因玻璃管折断割伤皮肤。

二、 有机化学常用仪器简介

仪器名称与图示	主要用途	使用方法及注意事项
 试管	用作少量试剂的溶解或反应的仪器,也可收集少量气体	可直接加热,加热时外壁要擦干,用试管夹夹住或用铁夹固定在铁架台上;加热固体时,管口略向下倾斜,固体平铺在管底;加热液体时液体量不超过容积的1/3,管口向上倾斜,与桌面成45°,切忌管口向着人;装溶液时不超过试管容积的1/2
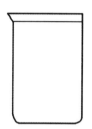 烧杯	用于溶解固体,配制、浓缩、稀释、盛装、加热溶液,也可作为水浴加热器	**加热时垫石棉网**,外壁要擦干,加热液体时液体量不超过容积的1/2,不可蒸干;从烧杯中倾倒液体时,应从杯嘴向下倾倒;溶解时要用玻璃棒轻轻搅拌
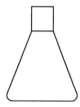 锥形瓶	用于储存液体、混合液体,用作滴定中的反应器,也可收集液体,组装洗气瓶	**可放在石棉网或电炉上直接加热**。液体不超过容积的1/2;滴定时需振荡,因而液体不能太多,不能搅拌
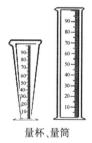 量杯、量筒	粗略量取液体的体积(精确度0.1 mL)	刻度由下而上,无"0"刻度;使用时选用合适的规格;不能在量筒内配制溶液或进行化学反应,不能加热;读数要平视
 漏斗	过滤或向小口径容器转移液体;易溶气体尾气吸收	不能加热使用;过滤时应"一贴、二低、三靠"

续表

仪器名称与图示	主要用途	使用方法及注意事项
分液漏斗	用于液体的洗涤、萃取和分离;也可组装反应器,随时滴加液体	使用前先检查是否漏液;分液时下层液体自下口放出,上层液体从上口倒出;活塞不能互换
长颈漏斗	装配反应器,便于注入反应液	使用时下端应插入液面下,否则气体会从漏斗口跑掉
布氏漏斗和吸滤瓶	用于减压过滤	不能直接用火加热
圆底烧瓶和平底烧瓶	用作加热或不加热条件下较多液体参加的反应容器	平底烧瓶一般不用作加热仪器,不能用于减压蒸馏。要垫好石棉网后再加热圆底烧瓶,且外部擦干;或水浴加热,不适于长时间加热。液体量不超过容积的1/2,用铁架台固定
冷凝管	用于蒸馏、回流装置中	普通蒸馏常用直形冷凝管;回流常用球形冷凝管;沸点高于140℃时,常用空气冷凝管

仪器名称与图示	主要用途	使用方法及注意事项
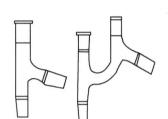蒸馏烧瓶	用于液体混合物的蒸馏或分馏,也可装配气体发生器	加热时要垫石棉网或水浴加热,要加沸石防止暴沸;液体不超过容积的 1/2;分馏时温度计水银球宜在支管口处
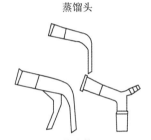蒸馏头	与烧瓶组合用于蒸馏	两口的为克氏蒸馏头,可用于减压蒸馏
接液管	用于蒸馏中承接冷凝液,带支管的用于减压蒸馏中	使用时要仔细检查各连接处的气密性
坩埚	用于高温灼烧固体试剂并适于称量,如测定结晶水合物中结晶水含量的实验。包括瓷坩埚、铁坩埚、石英坩埚三种	能耐高温;有盖,可防止药品崩溅;坩埚可在泥三角上直接加热,热坩埚及盖要用坩埚钳夹取,避免骤冷或溅水;定量实验的冷却应放在干燥器中
蒸发皿	蒸发皿用于蒸发溶剂,浓缩溶液	蒸发皿可放在三脚架上直接加热,也可用石棉网、水浴、砂浴等加热;不能骤冷,蒸发溶液时不能超过容积的 2/3,加热过程中可用玻璃棒搅拌;在蒸发、结晶过程中,不可将水完全蒸干,以免晶体颗粒崩溅
坩埚钳	夹持坩埚和坩埚盖的钳子;也可用来夹持蒸发皿	夹持热坩埚时,先将钳头预热,避免坩埚骤冷而炸裂;夹持瓷坩埚或石英坩埚等质脆易破裂的坩埚时,既要轻夹又要夹牢
三脚架　　泥三角	配合加热器使用,承放受热容器并使其受热均匀	加热结束后,不要直接用手接触,以防烫伤;泥三角使用后不可放入冷水中降温

续表

仪器名称与图示	主要用途	使用方法及注意事项
 干燥管	盛放块状固体干燥剂,用于干燥或吸收某些气体,常与气体发生器一起配合使用	欲收集干燥的气体,使用时其大口一端与气体输送管相连;球部充满粒状干燥剂,如无水氯化钙和碱石灰等
 开启　　搬动 干燥器	用于存放需要保持干燥的物品的容器。干燥器隔板下面放置干燥剂,需要干燥的物品放在适合的容器内,再将容器放于干燥器的隔板上	灼烧后的坩埚内药品需要干燥时,须待冷却后再将坩埚放入干燥器中;干燥器盖子与磨口边缘处涂一层凡士林,防止漏气;干燥剂要适时更换;开盖时,要一手扶住干燥器,一手握住盖柄,稳稳平推
 温度计	用于温度测定。温度计分为水银温度计和酒精温度计两种;常用的是水银温度计	使用温度计时不允许超过其量程,注意水银球部位玻璃极薄,防止碎裂,测温时水银球放置的位置要合适;不能当搅拌棒使用
 研钵	用于研磨、混合固体物质。分为玻璃、白瓷、玛瑙或铁制研钵;与杵配合使用	不能直接加热或作为反应容器,研磨时不能用力过猛或锤击;避免易爆物品的混合研磨,研磨的物质总量不超过容积的1/3
 试管夹	用于夹持试管进行简单加热的实验。一般为竹制品	夹持试管时,试管夹应从试管底部套入,夹于距试管口2~3cm处;在夹持住试管后,要握住试管夹的长臂,拇指千万不要按住试管夹的短臂,以防拇指稍用力造成试管脱落打碎
 铁架台	用于固定仪器	使用时要注意各部位是否拧紧,以防实验中仪器脱落
 托盘天平	用于精度为0.1g固体药品的称量	称前调零点;称量时左物右码,精确至0.1g;药品不能直接放在托盘上,要在两盘各放一大小相同的纸片,易潮解、腐蚀性药品放在玻璃器皿中称量;称量时不能用手直接拿取砝码,称量完毕,应把砝码放回砝码盒中

三、 玻璃仪器的清洗与干燥

为使化学实验的结果准确,实验前和实验后都要检查仪器是否清洁,养成实验结束后立即清洗、干燥所用玻璃仪器的良好习惯。玻璃仪器洗净的标志是把仪器倒置时,均匀的水膜顺器壁流下,不挂水滴。

(一) 玻璃仪器洗涤的一般步骤

用水清洗:此法适用于玻璃仪器内壁粘有水溶性污物。将玻璃仪器用自来水冲洗,再用试管刷刷洗,刷洗时将试管刷上下移动或在玻璃仪器内转动,然后用自来水冲洗两三次,达到要求即可。

用洗涤剂清洗:此法适用于常见不溶于水的油污。洗涤剂通常是洗衣粉、去污粉、肥皂水等。用清水洗不干净的玻璃仪器,可以用试管刷蘸取少量洗涤剂洗刷,其他步骤同"用水清洗",达到要求即可。

用特定试剂清洗:此法适用于"顽固"污渍。如果玻璃仪器内壁粘有难以清洗的污渍,特别是被有机化合物污染,可选用合适的化学试剂浸泡后再刷洗,洗涤过程同上,直至达到要求。

(二) 仪器的干燥

自然干燥:不急用的仪器,可在洗净后,倒置在仪器架上,待自然晾干后使用。

烘箱烘干:将洗净的仪器控干水分后,放进电烘箱中烘干,仪器放入时口应朝上,待烘箱温度自然下降后取出。如果急用,在烘箱温度较高时取用仪器,要垫上干净的布,取出后要放到石棉网上,冷却到室温后才能使用。

热风吹干:对于急用或不适于放入烘箱中的仪器可用电吹风吹干。

有机溶剂干燥:体积小的仪器急需干燥时,可采用此法。洗净的仪器先用少量乙醇洗涤一次,再用少量丙酮洗涤,最后用空气(不需加热)吹干。用过的溶剂应倒入回收瓶。

讨论:

(1)进行有机化学实验时,应遵守哪些实验室规则?

(2)玻璃仪器的洗涤应达到什么标准才符合要求?

(3)在化学实验中,应采取哪些措施减少环境污染?

实验一　熔点的测定
——尿素、桂皮酸的熔点测定

一、 实 验 目 的

1. 了解熔点测定的概念、特点和意义。
2. 掌握测定熔点的操作。

二、 实 验 原 理

熔点是指固体物质在一定大气压下,固液两相达到平衡时的温度。一般可以认为是固体物质在受热到一定温度时,由固态转变为液态,此时的温度即为该物质的熔点。固体物质从开始熔化到完全熔化的温度范围即为熔程(也称熔点范围)。纯的有机化合物

一般都有固定的熔点,熔程很小,不超过 0.5~1℃;如果混有杂质,熔点会降低,熔程也将显著增大。大多数有机化合物的熔点都在 400℃ 以下,比较容易测定。因此,通过测定熔点可以鉴定有机化合物和检验有机化合物的纯度,还能区别熔点相近的有机化合物。

三、 实验用品

仪器:温度计、提勒管(b 形管)、熔点毛细管、酒精灯、开口橡胶塞、玻璃棒、玻璃管、表面皿、250mL 圆底烧瓶

药品:尿素、桂皮酸

四、 测定熔点的仪器装置

实验室一般采用的测定方法是毛细管法。

常用的熔点测定装置有提勒管式和双浴式两种。

1. 提勒管式

提勒管式熔点测定装置如实验图 1-1 所示。提勒管又称 b 形管。内装浴液,液体高度以刚好超过上侧管 1cm 为宜,加热部位为侧管顶端。附有熔点管的温度计通过侧面开口橡胶塞安装在提勒管中两个侧管之间。

这种装置是目前实验室中常用的熔点测定装置。特点是操作简单、方便、浴液用量少,节省测定时间。

2. 双浴式

双浴式熔点测定装置如实验图 1-2 所示。将试管通过侧面开口的胶塞固定在 250mL 圆底烧瓶中(距离瓶底 1.5cm 处),烧瓶内盛放浴液(用量约为容积的2/3)。将装好样品的熔点管用小橡胶圈固定在分度值为 0.1℃ 的测量温度计上。然后将温度计也通过侧面开口的橡胶塞固定在试管中距离管底约 1cm 处,试管中加浴液。

这种装置的特点是样品受热均匀,精确度较高。

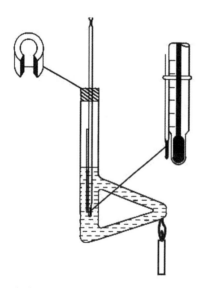

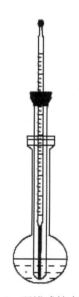

实验图 1-1 提勒管式熔点测定装置　　　　实验图 1-2 双浴式熔点测定装置

五、 实验内容及方法

以提勒管式为例,操作步骤如下:

1. 填装样品

将待测样品如尿素、桂皮酸(样品一定要干燥)分别放在洁净、干燥的表面皿中,用玻璃钉研细,分别装入熔点管中,往毛细管内装样品时,一定要反复冲撞夯实,管外样品要用卫生纸擦干净,装样高度为 2～3mm。易升华的化合物,装好样品后将上端封闭起来,因为压力对熔点的影响不大,所以用封闭的毛细管测定熔点,其影响可忽略不计。易吸潮的化合物,装样动作要快,装好后也应立即将上端在小火上加热封闭,以免在测定熔点的过程中,样品吸潮使熔点降低。

2. 安装装置

将提勒管固定在铁架台上,装入浴液,按实验图 1-1 所示进行安装,温度计及毛细管的插入位置要准确。

3. 准备热浴

一般选用液体石蜡、浓硫酸作浴液(分别适用于测熔点在 140℃、220℃ 以下的样品),要注意浓硫酸的安全使用。若要测熔点在 220℃ 以上的样品,可用其他浴液。

4. 加热

用酒精灯在提勒管弯曲处的底部加热,注意升温速度的控制。开始时,升温速度可以快一些,大约每分钟上升 5℃;当距离熔点 10～15℃ 时,升温速度为 1～2℃/min;当接近熔点时,升温速度为 0.5～1℃/min。

5. 读数

当发现样品出现潮湿时,表明固体开始熔化,记录初熔温度;当固体完全熔化,呈透明状态时,记录全熔温度。这两个温度值就是该化合物的熔程。

6. 平行实验

熔点的测定至少要有两次重复的数据。每一次测定都必须用新的熔点管装新样品。进行第二次测定时,要等浴液冷却至样品熔点以下约 20℃ 再进行。

7. 拆除装置

先擦干温度计上的浴液再水洗,浴液要回收。

六、 实验注意事项

1. 熔点管本身要干净,若有灰尘等杂质,能产生 4～10℃ 的误差。管壁不能太厚,封口要均匀。熔点管底未封好会产生漏管;熔点管壁太厚,热传导时间长,会产生熔点偏高。

2. 样品粉碎要细,填装要实,否则产生空隙,不易传热,造成熔程变大。样品不干燥或含有杂质,会使熔点偏低,熔程变大。样品用量要适中,样品量太少不便观察,而且熔点偏低;太多会造成熔程变大,熔点偏高。

3. 实验中加热时,升温速度不宜太快,要让热传导有充分的时间。升温速度过快,熔点偏高。

4. 使用硫酸作为加热浴液要特别小心,不能让有机化合物碰到浓硫酸,否则使浴液颜色变深,有碍熔点的观察。若出现这种情况,可加入少许硝酸钾晶体共热后使之脱色。

七、 数据记录和处理

熔点测定数据记录表

样品	测定值(℃)		平均值(℃)	
	初熔	全熔	初熔	全熔

八、 兴趣实验

混合熔点测定法——鉴定熔点相同或相近的两个试样是否为同一物质。

在鉴定未知物时,如果测得其熔点与某已知物的熔点相同或相近,并不能完全确认它们为同一物质。因为有些不同的有机化合物具有相同或相近的熔点。这时可以将二者混合,测混合物的熔点,若熔点不变,则可以认为是同一物质,否则,不是同一物质。

九、 思考与讨论

1. 测熔点时,若有下列情况将产生什么结果?
(1) 熔点管壁太厚。
(2) 熔点管不洁净。
(3) 样品未完全干燥或含有杂质。
(4) 样品研得不细或装得不紧密。
(5) 加热太快。
(6) 样品装得太多。
2. 熔点毛细管是否可以重复使用?
3. 如何检验两种熔点相近的物质是否为同一纯净物?

实验二 蒸馏与沸点的测定
——乙醇的蒸馏和沸点的测定

一、 实 验 目 的

1. 熟悉蒸馏和测定沸点的原理,了解蒸馏和测定沸点的意义。
2. 掌握蒸馏和测定沸点的操作要领和方法。

二、 实 验 原 理

将液体加热至沸腾状态,使液体变为蒸气,然后使蒸气冷却,再冷凝为液体,这两个过程联合操作称为蒸馏。通过蒸馏可将易挥发和难挥发的物质进行分离,也可将沸点不同的物质分离开来。因此,蒸馏是分离和提纯液体有机化合物最常用的方法。通过蒸馏还可以测定纯液体有机化合物的沸点。

沸点是指液体的蒸气压与外界压力相等时的温度。纯净液体受热时,其蒸气压随温度升高而迅速增大,当达到与外界大气压相等时,液体开始沸腾,此时的温度就是该液体物质的沸点。由于外界大气压对物质的沸点影响很大,所以通常把液体在 101.325kPa 下测得的沸腾温度定义为该液体物质的沸点。纯净的液体有机化合物在一定的压力下具有固定的沸点,沸程较小(0.5~1.5℃)。如果含有杂质,沸点就会发生变化,沸程也会增大。所以,一般可通过测定沸点来检验液体有机化合物的纯度。但要注意,具有固定沸点的液体不一定是纯净物,有时某些共沸混合物也具有固定的沸点。

三、 实验药品及仪器的选择

药品:乙醇

仪器:蒸馏瓶、温度计、直形冷凝管、接液管、接收瓶、量筒

仪器选择要注意以下几点:

(1)热源的选择。一般沸点低于 80℃ 的蒸馏采用水浴加热,可将烧瓶浸入水浴中,水浴的液面应略高于烧瓶内被蒸物质的液面,勿使烧瓶底触及水浴锅底,保持浴温不超过蒸馏物沸点 20℃。这样的加热方式,可避免局部过热及液体的暴沸,而且可使蒸气的气泡不但从烧瓶的底部上升,也可沿着烧瓶的边沿上升,使液体平稳地沸腾。

(2)蒸馏烧瓶的选择。普通蒸馏要求待蒸馏物的体积不超过烧瓶容积的 2/3,但也不能少于 1/3。超过 2/3 时待蒸物来不及汽化就直接溢出烧瓶,若少于 1/3 则受热面太小。在蒸馏低沸点液体时,选用长颈蒸馏烧瓶;而蒸馏高沸点液体时,选用短颈蒸馏烧瓶。

(3)冷凝管的选择。蒸馏沸点在 140℃ 以下的被蒸馏物选用直形冷凝管。冷凝水应从冷凝管的下口流入,上口流出,以保证冷凝管的套管中始终充满水,水龙头应缓慢打开。

(4)温度计的选择。根据被蒸馏物可能达到的最高温度,再高出 10~20℃ 来选择适当的温度计。不能用温度计作搅拌用,也不能用来测量超过刻度范围的温度。温度计用后要缓慢冷却,不能用冷水立即冲洗以免炸裂。

(5)蒸馏的接收部分。一般采用小口接收器,以减小产品的挥发损失。

四、 蒸馏及测定沸点的仪器装置

仪器装置的总原则是先下后上,先左后右,先难后易逐个装配;拆卸时,按照与装配相反的顺序逐个地拆除(实验图 2-1)。

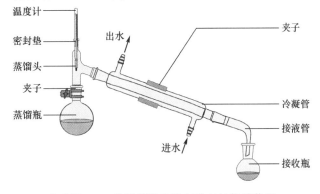

实验图 2-1　普通蒸馏及测定沸点的仪器装置

组装仪器要做到以下几点：

（1）在铁架台下放置电热套，上置 500mL 烧杯，用烧瓶夹夹好 100mL 圆底烧瓶，置于烧杯中，使水浴的液面略高于烧瓶内待蒸物质的液面，蒸馏烧瓶上装一蒸馏头，蒸馏头的侧管向右侧，装有温度计的温度计套管置于蒸馏头的上口中。温度计的高度标准为温度计的水银球的上沿与蒸馏头侧管的下沿在同一水平线上。

（2）用另一铁架台夹好已接好上下水橡皮管的冷凝管，然后调整其位置，使它与已装好的蒸馏头的侧管同轴，然后松开固定冷凝管的铁夹，使冷凝管沿此轴移动而与蒸馏头连接（铁夹不应夹得太紧或太松，以夹住后稍用力尚能转动为宜）。最后在冷凝管的下口套一接液管，接液管下置一接收瓶（接液管与接收瓶之间不能用塞子塞住，否则会造成封闭体系，引起爆炸）。

（3）安装完后的装置应准确、端正、横平竖直，无论从正面或侧面看，全套仪器装置的轴线都要在同一平面内，铁架台应整齐地置于仪器的背面。

五、 实验内容及方法

1. 加料

将待蒸馏乙醇 40mL 小心倒入蒸馏瓶中，不要使液体从支管流出。加入几粒沸石（沸石的作用是引入汽化中心，不宜多加，太多会影响产率；中断蒸馏或补加沸石应降低反应温度，否则会产生暴沸），塞好带温度计的塞子，注意温度计的位置。再检查一次装置是否稳妥与严密。

2. 加热

先打开冷凝水水龙头，缓缓通入冷水，然后开始加热。注意冷水自下而上，蒸气自上而下，两者逆流冷却效果好。当液体沸腾，蒸气到达水银球部位时，温度计读数急剧上升，应调节热源，让水银球上液滴和蒸气温度达到平衡，使蒸馏速度以每秒 1~2 滴为宜。此时温度计读数就是馏出液的沸点。

蒸馏时若热源温度太高，使蒸气成为过热蒸气，造成温度计所显示的沸点偏高；若热源温度太低，馏出物蒸气不能充分浸润温度计水银球，造成温度计读得的沸点偏低或不规则。

3. 收集馏液

准备两个接收瓶，一个接收前馏分或称馏头，另一个接收所需馏分，并记下该馏分的沸程，即接收该馏分的第一滴和最后一滴时温度计的读数。

在所需馏分蒸出后，温度计读数会突然下降，此时应停止蒸馏。即使杂质很少，也不要蒸干，以免蒸馏瓶破裂及发生其他意外事故。

4. 拆除蒸馏装置

蒸馏完毕，应先撤出热源，然后停止通水，最后拆除蒸馏装置（与安装顺序相反）。

六、 实验注意事项

1. 必须在蒸馏烧瓶中加入几粒沸石。

2. 冷却水流速以能保证蒸气充分冷凝为宜，通常只需保持缓缓水流即可。

3. 蒸馏有机溶剂均应用小口接收器，如锥形瓶、接收瓶等。

七、 思考与讨论

1. 什么是沸点?
2. 蒸馏时加入沸石的作用是什么?
3. 为什么蒸馏时最好控制馏出液的速度为 1~2 滴/s 为宜?
4. 如果液体具有恒定的沸点,那么能否认为它是单纯物质?
5. 如果猛烈加热,测定的沸点会不会偏高?为什么?

实验三 重 结 晶

一、 实验目的

1. 了解重结晶原理,初步学会用重结晶方法提纯固体有机化合物。
2. 掌握热过滤和抽滤操作。
3. 培养认真、细致、严谨的工作态度。

二、 实验原理

由有机合成或由天然物提取得到的固体有机化合物往往是不纯的,常用的纯化方法是重结晶。

重结晶是利用固体混合物中各组分在某种溶剂中的溶解度不同,使它们相互分离,达到提纯精制的目的。

固体物质在溶剂中的溶解度与温度有关。升高温度通常能增大其溶解度,相反,则降低溶解度。把固体有机化合物溶解在热的溶剂中成为热的饱和溶液,趁热过滤,再把滤液冷却,由于溶解度降低,固体有机化合物又重新析出晶体。至于杂质,不溶性的杂质已在趁热过滤时除去;可溶性杂质因含量较少,绝大部分仍留在母液中。若结晶一次不能符合要求,可以重复结晶。

三、 实验用品

仪器:100mL 量筒、150mL 烧杯、保温漏斗、250mL 锥形瓶 、滤纸 、酒精灯、250mL 抽滤瓶 、布氏漏斗、水泵、安全瓶
药品:苯甲酸、活性炭

四、 实验内容及方法

1. 选择溶剂
选择适当的溶剂对于重结晶操作的成功具有重大的意义,一种良好的溶剂必须符合以下条件:①不与被提纯物质起化学反应;②在较高温度时能溶解较大量的被提纯物质而在室温或更低温度时只能溶解很少量;③对杂质的溶解度非常大或非常小,前一种情况杂质留于母液内,后一种情况趁热过滤时杂质被滤除;④能析出较好的结晶。

2. 制饱和溶液
在溶剂的沸点温度下,将被提纯物制成饱和溶液。称取粗苯甲酸 1.5g,放在 150mL

烧杯中,加入 80mL 纯水和几粒沸石,在石棉网上加热煮沸,搅拌,使苯甲酸完全溶解。

3. 脱色

若溶液含有色杂质,要加活性炭脱色。待溶液稍冷却后加约 0.3g 活性炭(用量为粗产品质量的 1%~5%),继续煮沸 5min。

4. 热过滤

用保温漏斗趁热过滤,将热水从上面的加水口注入保温漏斗的夹层中,将它用烧瓶夹固定在铁架台上,放入玻璃漏斗,再放入菊花形滤纸(菊花形滤纸的折叠如实验图 3-1 所示),用酒精灯在保温漏斗的侧管上加热,按常法过滤,如实验图 3-2 所示。

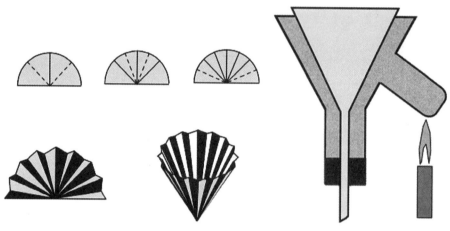

实验图 3-1　菊花形滤纸的折叠　　　　　实验图 3-2　保温过滤

5. 结晶

过滤完毕,将盛滤液的烧杯用表面皿盖好放置结晶,冷至室温后再用冷水冷却使结晶完全。

6. 抽滤

抽滤装置如实验图 3-3 所示,布氏漏斗用橡胶塞固定在抽滤瓶上,滤纸剪成圆形,略小于布氏漏斗的底板但须盖住其小孔,用溶剂润湿滤纸并开动水泵使它吸紧贴在底板上。抽气过滤时,先倒入晶体上层的母液,然后倒入晶体,开动水泵,抽滤,用干净的小玻璃塞在晶体上轻轻地压,使母液尽量抽干。停止抽气,在布氏漏斗中加入少量冷的溶剂浸没晶体,并用玻璃棒搅匀、抽干。停止抽气,取出晶体进行干燥。

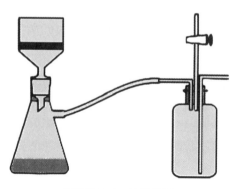

实验图 3-3　抽滤装置

五、 实验注意事项

1. 被精制物与溶剂混合加热时,除水作溶剂外,必须进行回流。
2. 活性炭不能加入正在沸腾的溶液中,否则会引起暴沸,使溶液逸出。
3. 把滤纸折叠成菊花形,增大了过滤面积,加快过滤速度。
4. 干燥晶体可在空气中晾干,或在100℃以下烘干。

六、 思考与讨论

1. 重结晶提纯法一般包括哪几个步骤?
2. 重结晶提纯法所选用的溶剂应具备哪些条件?
3. 为什么应趁热过滤? 目的是什么?
4. 配热饱和溶液时,如果加入的水多了会产生什么后果?
5. 如果趁热过滤时有苯甲酸在滤纸上析出,应如何处理?
6. 用活性炭脱色的原理是什么? 操作时应注意什么?

实验四 萃 取

一、 实 验 目 的

1. 熟悉萃取的原理和应用范围。
2. 独立完成用分液漏斗进行萃取、洗涤和分离液体有机化合物的操作。
3. 培养认真、细致、严谨的工作态度。

二、 实 验 原 理

萃取是利用混合物中某些物质成分在两种互不相溶的溶剂中的溶解度不同,可使物质从一种溶剂转溶到另一种溶剂中,从而达到分离目的的方法。

三、 实 验 用 品

仪器:125mL 分液漏斗、烧杯、锥形瓶、铁架台、铁圈
药品:苯、苯胺

四、 实验内容及方法

(1) 取 125mL 分液漏斗,取出玻璃活塞,擦干,在中间小孔两侧沾上少许凡士林(勿堵塞中间小孔),把活塞放回原处,塞紧,并来回旋转几下(使凡士林分布均匀,以防渗漏),放在铁架台上的铁圈中。

(2) 关好分液漏斗的活塞,依次从上口倒入苯胺水溶液(苯胺 5mL、水 50mL)和 20mL 苯。总量不超过分液漏斗容积的 3/4。塞好并旋紧瓶塞,先用右手食指末节将漏斗上端玻璃塞顶住,再用大拇指及食指和中指握住漏斗,用左手的食指和中指蜷握在活塞的柄上(实验图 4-1),上下轻轻振摇分液漏斗,使两相之间充分接触,以提高萃取效率。每振摇几次后,就要将漏斗尾部向上倾斜(朝无人处),打开活塞放气,以解除漏斗中的压力。再剧烈振摇 2~3min,静置。如此反复数次。

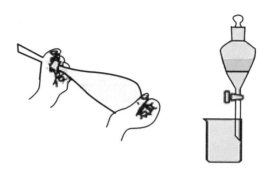

实验图 4-1　分液漏斗的振摇和分离液体

（3）待分液漏斗中两液层完全分开后,打开上面的塞子,再将活塞缓缓旋开,下层水层自活塞放出,一旦分离完毕,立即关闭活塞。

（4）把苯层从分液漏斗上口倒出,密封储存于锥形瓶中,然后把水层倒回分液漏斗中,用新的 10mL 苯按同法再进行萃取,共萃取三次。

（5）合并萃取液,往萃取液中加入无水硫酸镁（或无水硫酸钠）进行干燥,蒸馏回收苯,留下的即为苯胺。

五、　实验注意事项

1. 使用分液漏斗时应注意:①玻璃塞和活塞要用橡皮筋扎在漏斗体上,以免掉下打破;②活塞要涂凡士林而上面的玻璃塞不涂;③装入液体的总量不能超过漏斗容积的 3/4;④分离液体时要放在铁架台上,不能拿在手上进行分液。

2. 溶剂选择规则:①被萃取物质在此溶剂中有较大的溶解度;②与被萃取的物质互不相溶;③与被萃取出来的溶质容易分离（通常是低沸点溶剂）。

3. 萃取过程中若出现乳化现象,静置难以分层时,可用下列方法处理:①静置时间延长;②加入少量电解质（如氯化钠）以盐析破坏乳化（适用于水与有机溶剂）;③加入少量稀硫酸（适用于碱性溶液与有机溶剂）;④进行过滤（适用于存在少量轻质沉淀）。

六、　思考与讨论

1. 怎样正确使用分液漏斗？怎样才能使两层液体分离干净？

2. 两种互不相溶的液体同在分液漏斗中,密度大的在哪一层？下层的液体从哪里放出来？留在分液漏斗中的上层液体应从何处倒入另一容器？

第二部分　　化合物性质的实践模块

实验五　基础有机物质——烃的性质

一、　实验目的

1. 掌握饱和烃、不饱和烃的主要化学性质。

2. 熟悉饱和烃与不饱和烃的鉴别方法。

3. 观察苯及其同系物的化学反应,深入认识苯及其同系物的分子结构与化学性质的关系。

4. 掌握苯及其同系物的化学性质及其鉴别方法。

二、实 验 用 品

仪器:试管、烧杯、酒精灯、铁架台、石棉网、试管架 、量筒、橡胶塞

药品:溴的四氯化碳溶液、高锰酸钾溶液、松节油、液体石蜡、硝酸银溶液、2mol/L 氨水、硫酸、硝酸、苯、甲苯、5g/L KMnO₄溶液、3mol/L 硫酸、10g/L 溴的四氯化碳溶液、铁粉

三、 实验内容及方法

1. 烷烃和烯烃的性质

(1) 与溴反应。取 2 支试管,分别加入 1mL 溴的四氯化碳溶液,观察颜色。然后在一支试管中加入松节油 10 滴,另一支中加入液体石蜡 10 滴,振荡,观察颜色变化有何不同?说明原因。

(2) 与高锰酸钾反应。取两支试管,分别加入 10 滴 5g/L KMnO₄溶液和 5 滴 3mol/L H₂SO₄溶液,观察颜色。然后一支加入松节油 10 滴,另一支加入液体石蜡 10 滴,振荡,对比颜色变化有何不同?说明原因。

2. 炔烃的性质

(1) 与溴反应。取一支试管,加入 1mL 溴的四氯化碳溶液,通入乙炔气体,观察并记录实验现象,说明原因,写出有关的化学反应方程式。

(2) 与高锰酸钾反应。取一支试管,加入 10 滴 5g/L KMnO₄溶液和 5 滴 3mol/L H₂SO₄溶液,通入乙炔气体,观察并记录实验现象,解释原因。

(3) 与银氨溶液反应。取一支洁净的试管,加入 0.1mol/L 硝酸银溶液 1mL,边振荡边滴加 2mol/L 氨水,直到生成的氧化银沉淀恰好溶解为止(氨水切勿过量),所得澄清溶液即为银氨溶液。向银氨溶液中通入乙炔气体,观察并记录实验现象,解释原因,写出有关的化学反应方程式。

3. 芳香烃的性质

(1) 氧化反应。取试管两支,分别加入 5 滴 5g/L KMnO₄溶液和 5 滴 3mol/L 硫酸,然后分别加入 10 滴苯和甲苯,剧烈振摇数分钟,观察并解释发生的变化,写出反应的方程式。

(2)溴代反应。取干燥试管两支,分别加入 5 滴 10g/L 溴的四氯化碳溶液,然后分别加入 10 滴苯和甲苯,振摇,观察现象;再加入少许铁粉,振摇,观察和解释发生的变化,写出反应的方程式。

(3)硝化反应。取干燥大试管一支,加入 2mL 浓硝酸和浓硫酸,摇匀,冷却后加入 10 滴苯,剧烈振摇,然后放在 60℃水浴中加热。10min 后,把试管中的物质倒入盛有 30mL 水的小烧杯中,观察和解释发生的变化,写出反应的方程式。

(4)磺化反应。取干燥大试管两支,分别加入 2mL 浓硫酸,然后分别加入 10 滴苯和甲苯,放在 80℃水浴中加热,并不断振摇。当反应开始生成的乳浊液完全溶解后,冷却,将反应物倒入盛有 150mL 冷水的小烧杯中,观察和解释发生的变化,写出反应的方程式。

四、 实验注意事项

干燥的炔化银受热或撞击时具有爆炸性,实验完毕后,用稀硝酸及时处理。

五、 思考与讨论

1. 具有什么样结构的炔烃能生成金属炔化物？
2. 如何鉴别乙烷、乙烯、乙炔？
3. 如何用化学方法鉴别苯和甲苯？
4. 硝化反应和磺化反应为什么要用干燥的试管？

实验六 含氧有机化合物的性质

一、 实 验 目 的

1. 通过实验进一步认识含氧有机化合物的结构与化学性质的关系。
2. 通过实验掌握化学实验的基本技能和技术。
3. 通过实验培养实事求是、谨慎细致的化学学习探索精神。

二、 实 验 用 品

仪器：试管、小刀、镊子、水浴锅、表面皿、点滴板、pH 试纸、滤纸

药品：金属钠、2.5mol/L 氢氧化钠溶液、0.3mol/L 硫酸铜溶液、甘油、无水乙醇、蓝色石蕊试纸、饱和碳酸氢钠溶液、0.2mol/L 苯酚溶液、0.2mol/L 邻苯二酚、0.2mol/L 苯甲醇、固体苯酚、3mol/L 硫酸、0.17mol/L 重铬酸钾溶液、0.06mol/L 三氯化铁溶液、福尔马林、乙醛、丙酮、苯甲醛、2mol/L 氨水、0.1mol/L 硝酸银溶液、希夫试剂、0.05 mol/L 费林试剂(甲、乙)、亚硝酰铁氰化钠溶液、2,4-二硝基苯肼、0.1mol/L 甲酸溶液、0.1 mol/L 乙酸溶液 0.1 mol/L 乙二酸溶液、5g/L 高锰酸钾溶液、饱和碳酸钠溶液、苯甲酸晶体、天水碳酸钠、乙二酸固体

三、 实 验 内 容 及 方 法

1. 醇的性质

（1）醇与金属钠的反应。取干燥试管一支,加入无水乙醇 1mL,用镊子取绿豆大小金属钠 1 粒,用滤纸吸干表面煤油,放入试管中,观察有无气体产生和感觉试管是否放热。用拇指按住试管口,待生成较多气体时,用点燃的火柴接近管口,留意有无爆鸣声。观察并解释发生的变化,写出有关的化学方程式。

（2）醇的氧化反应。取试管一支,加入乙醇 10 滴,再取试管一支,加 10 滴蒸馏水作为对照。然后各加入 3mol/L 硫酸 5 滴,0.17mol/L 重铬酸钾溶液 3~4 滴,振摇,观察并解释发生的变化,写出有关的化学方程式。

（3）多元醇与氢氧化铜的反应。取试管一支,加入 2.5mol/L 氢氧化钠溶液和 0.3mol/L 硫酸铜溶液制得氢氧化铜沉淀。用滴管移去上部清液,将沉淀分于两支试管,在其中的一支试管中加入甘油 15 滴,另一支试管中加入乙醇 15 滴,用力振荡,各有何现象？说明原因,写出有关的化学方程式。

2. 苯酚的性质

（1）溶解性。取一支试管,加入少量苯酚,再加水 1mL,振荡后得浑浊液。加热,浑

浊液有何变化？冷却，又有何现象发生？说明产生上述变化的原因。

（2）苯酚的弱酸性试验。取蓝色石蕊试纸一小片，放在表面皿上，用蒸馏水湿润，在试纸上加 1 滴 0.2mol/L 苯酚溶液，观察并解释发生的变化。另取试管两支，各加苯酚少许和水 1mL，振摇，观察现象。在其中的一支试管中加入 2.5mol/L 氢氧化钠溶液数滴，振摇，观察现象；往另一支试管中加入饱和的碳酸氢钠溶液 1mL，振摇，观察并解释现象，写出有关化学方程式。

（3）苯酚与三氯化铁反应。取试管三支，分别加 0.2mol/L 苯酚溶液，0.2mol/L 邻苯二酚溶液，0.2mol/L 苯甲醇 10 滴，再各加 0.06mol/L 三氯化铁溶液 1 滴，振摇，观察并解释现象。

3. 醛和酮的还原性比较

（1）与托伦试剂的反应。取一支洁净的试管，在其中加入 0.1mol/L 硝酸银溶液 1 mL，边振荡边滴加 2mol/L 氨水，直到生成的氧化银沉淀恰好溶解为止（氨水切勿过量），所得澄清溶液即为托伦试剂。将托伦试剂分别等量装于两支洁净的试管中，然后分别加入乙醛、丙酮溶液各 5 滴，摇匀，放在 60℃ 的水浴中加热数分钟，观察并解释发生的现象，写出有关的化学方程式。

（2）与费林试剂反应。取一支洁净的大试管，在其中加入费林试剂甲溶液和乙溶液各 1mL，混匀后所得蓝色溶液即为费林试剂。将制得的费林试剂分装于两支洁净的试管中，分别加入乙醛、丙酮各 5 滴，振摇，放在沸水浴中加热 3~5min，观察并解释发生的现象，写出有关的化学方程式。

（3）与希夫试剂的反应。取两支试管，各加希夫试剂 1mL，然后分别加入乙醛、丙酮各 5 滴，振荡混匀，观察并解释发生的现象，写出有关的化学方程式。

4. 丙酮的检验

取一支洁净的试管，在其中加入丙酮 1mL，然后加入 0.05mol/L 亚硝酰铁氰化钠溶液 10 滴，再加入 1mol/L 氢氧化钠溶液 5 滴，观察有何现象发生？

5. 醛和酮的共同化学性质——与 2,4-二硝基苯肼反应

取四支试管，分别加入 2 滴福尔马林、乙醛、丙酮和苯甲醛，然后再在每个试管中加入 1mL 2,4-二硝基苯肼。振摇试管，观察和解释发生的现象，写出有关的化学方程式。

6. 有机酸的酸性

（1）羧酸的酸性。分别取 2 滴 0.1mol/L 甲酸溶液、0.1mol/L 乙酸溶液和 0.1mol/L 乙二酸溶液于点滴板凹穴中，用 pH 试纸测其近似 pH，并解释结果。

（2）与碱的反应。取试管一支，加入少许苯甲酸晶体，加蒸馏水 1mL 振荡，观察现象，滴入 2.5mol/L 氢氧化钠溶液数滴后，观察现象并解释变化。

（3）与碳酸盐反应。取试管一支，加入少许无水碳酸钠，滴入 0.1mol/L 乙酸溶液数滴后，观察现象并解释变化。

7. 有机酸的的还原性

（1）甲酸的还原性。在一支洁净的试管中加入 5 滴 0.1 mol/L 甲酸溶液，用 50g/L 氢氧化钠溶液中和至溶液显碱性，然后加入新配制的托伦试剂，在 50~60℃ 水浴中加热数分钟，观察并解释实验现象。

（2）羧酸的还原性。取四支试管，分别加入 5 滴甲酸、5 滴乙酸、5 滴蒸馏水（作对照）和少许乙二酸固体，再各加入 5g/L 高锰酸钾溶液 10 滴和 3mol/L 硫酸溶液数滴，振

荡试管,观察和记录现象并解释。

四、 思考与讨论

1. 用化学方法鉴别下列各组化合物。

（1）丙醇和丙三醇

（2）苯甲醇、苯酚和乙酸

2. 醛、酮的化学性质有哪些不同？根据你所学的知识,归纳总结醛、酮的鉴别方法。

3. 如何配制托伦试剂？银镜反应应注意什么？

4. 费林试剂为何要临时配制？哪类物质可发生费林反应？

5. 如何鉴别甲酸、乙酸与乙二酸？

实验七　含氮有机化合物的性质

一、 实验目的

1. 观察胺及尿素的反应,理解胺和尿素的化学性质。

2. 掌握苯胺、尿素的性质实验的操作技能。

3. 培养分析、观察问题的能力和严谨的实验态度。

二、 实验用品

仪器:试管架、试管、酒精灯、石棉网、铁架台、烧杯、玻璃棒、温度计

药品:苯胺、2.5mol/L 盐酸溶液、2.5mol/L 氢氧化钠溶液、饱和溴水、乙酸酐、氨基苯磺酸钠、β-萘酚、1%硫酸铜溶液、10%亚硝酸钠溶液、尿素晶体等

三、 实验内容及方法

1. 胺的性质

（1）碱性。在一支盛有 2mL 蒸馏水的试管中,加入 5~6 滴苯胺,用力振摇,观察苯胺是否溶于水。然后滴加 10 滴 2.5mol/L 盐酸溶液,边加边振荡,观察溶液是否澄清。然后往其中滴加 2.5mol/L 氢氧化钠溶液,观察又有何现象,为什么？

（2）胺的溴代反应。取一支试管,往其中加入 1 滴苯胺和 2mL 水,振荡使其全部溶解后,再滴加饱和溴水,立刻生成白色浑浊并析出沉淀。

（3）苯胺的酰化反应。取一支干燥试管,加入苯胺 10 滴,再逐滴加入乙酸酐 10 滴,边加边振摇,并将试管放入冷水中冷却,然后加入 5mL 水,观察并解释发生的现象。

（4）重氮化偶合反应。取一支洁净试管,向其中加入 1mL10% 亚硝酸钠溶液,再滴加对氨基苯磺酸钠溶液 10 滴,放置于冷水中冷却到 5℃ 以下,再慢慢加入 1mL 2.5mol/L 盐酸溶液,1~3min 后,观察现象;然后加入 1mL 5%β-萘酚的氢氧化钠溶液和 0.5mL 2.5mol/L 氢氧化钠溶液,观察现象,解释原因。

2. 尿素的性质

（1）水解反应。取一支干净试管,加入少量尿素晶体和 1mL 水,振荡使其溶解,再加入 1mL 2.5mol/L 氢氧化钠溶液,加热;在管口处放一湿润的红色石蕊试纸,观察加热时溶液的变化和石蕊试纸的变化。

(2)缩二脲反应。取少量尿素晶体,放在干燥试管中。用微火加热使尿素熔化。熔化的尿素开始硬化时,停止加热,尿素放出氨,形成双缩脲。冷却后,加 2.5mol/L 氢氧化化钠溶液约 1mL,振荡混匀,再加 1% 硫酸铜溶液 1 滴,再振荡,观察出现的粉红色。要避免添加过量硫酸铜,否则,生成的蓝色氢氧化铜能掩盖粉红色。

四、 思考与讨论

1. 根据实验,总结重氮化-偶合反应的条件及注意事项。
2. 根据尿素的结构,概括它的化学性质。

实验八　葡萄糖的旋光度测定

一、 实验目的

1. 认识旋光仪的构造,学会正确使用旋光仪。
2. 学会用旋光仪测量旋光性物质的浓度。
3. 通过实验,培养严谨认真、细致观察、规范操作、实事求是的工作态度。

二、 实验用品

仪器:WZZ-2B 自动指示旋光仪、100mL 容量瓶、小烧杯、胶头滴管、玻璃棒、分析天平
药品:氨试液、葡萄糖($C_6H_{12}O_6 \cdot H_2O$)、蒸馏水

三、 实验内容及方法

1. 供试液的配制

精密称取葡萄糖($C_6H_{12}O_6 \cdot H_2O$)约 10g,放置于小烧杯中并加水溶解,转入 100mL 容量瓶中,加氨试液 0.2mL,用水稀释至刻度,摇匀,静置 10min,即得供试液。

2. 调整零点

将旋光管用蒸馏水冲洗数次,缓缓注满蒸馏水(注意勿使产生气泡),小心盖上玻璃片、橡胶垫和螺帽(旋紧旋光管两端螺帽时,不应用力过大以免产生应力,造成误差),然后以软布或擦镜纸揩干、擦净,认定方向将旋光管置于旋光计内,调整零点。

3. 测定

将旋光管用供试液冲洗数次,按上述同样方式装入供试液并按同一方向置于旋光仪内,同法读取旋光度 3 次,取其平均值。

四、 实验注意事项

1. 钠光灯启辉后至少 20min 后发光才能稳定,测定或读数时应在发光稳定后进行。
2. 测定时应调节温度至 20℃±0.5℃。
3. 供试液应不显浑浊或含有混悬的小粒,否则应预先过滤并弃去初滤液。
4. 测定结束后须将测定管洗净晾干,不许将盛有供试液的测试管长时间置于仪器样品室内;仪器不使用时样品室可放硅胶吸潮。

【附】WZZ-2B 自动旋光仪(实验图 8-1)的使用方法

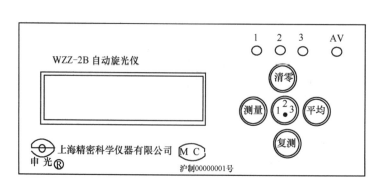

实验图 8-1　WZZ-2B 自动旋光仪面板

操作方法

1. 将仪器电源插头插入 220V 交流电源(要求使用交流电子稳压器 1KVA),并将接地线可靠接地。

2. 向上打开电源开关(右侧面),这时钠光灯在交流工作状态下起辉,经 5min 钠光灯激活后,钠光灯才发光稳定。

3. 向上打开光源开关(右侧面),仪器预热 20min(若光源开关合上后,钠光灯熄灭,则再将光源开关上下重复扳动一两次,使钠光在直流下点亮为正常)。

4. 按"测量"键,这时液晶屏应有数字显示。注意:开机后"测量"键只需按一次,如果误按该键,则仪器停止测量,液晶屏无显示。用户可再次按"测量"键,液晶重新显示,此时需重新校零(若液晶屏已有数字显示,则不需按"测量"键)。

5. 将装有蒸馏水或其他空白溶剂的试管放入样品室,盖上箱盖,待示数稳定后,按"清零"键。试管中若有气泡,应先让气泡浮在凸颈处;通光面两端的雾状水滴应用软布揩干,螺帽不宜旋得过紧,以免产生应力,影响读数。试管安放时应注意标记的位置和方向。

6. 取出试管。将待测样品注入试管,按相同的位置和方向放入样品室内,盖好箱盖,仪器将显示出该样品的旋光度,此时指示灯"1"点亮。注意:试管内腔应用少量被测试样冲洗 3~5 次。

7. 按"复测"键一次,指示灯"2"点亮,表示仪器显示第一次复测结果,再次按"复测"键,指示灯"3"点亮,表示仪器显示第二次复测结果。按"123"键,可切换显示各次测量的旋光度值。按"平均"键,显示平均值,指示灯"AV"点亮。

8. 若样品超过测量范围,仪器在 ±45° 处来回振荡。此时,取出试管,仪器即自动转回零位。此时可将试液稀释一倍再测。

9. 仪器使用完毕后,应依次关闭光源、电源开关。

10. 钠灯在直流供电系统出现故障不能使用时,仪器也可在钠灯交流供电(光源开关不向上开启)的情况下测试,但仪器的性能可能略有降低。

11. 当放入小角度样品(小于 ±5°)时,示数可能变化,这时只要按复测按钮,就会出现清渐数字。

五、 思考与讨论

1. 在进行葡萄糖溶液旋光度测定时,为什么要加入氨试液并放置 10min 后才测定旋光度？

2. 旋光仪的结构与工作原理。

实验九　营养与生命类有机化合物的性质

一、实验目的

1. 认识重要糖的主要化学性质,认识脂肪、蛋白质的化学性质。
2. 进一步巩固化学实验操作技能。
3. 培养仔细观察、客观判断和记录化学实验现象的科学态度。
4. 观察蛋白质的变性和颜色反应,巩固对蛋白质性质的认识。

二、实验用品

仪器:试管、烧杯、酒精灯、石棉网、试管架、点滴板、吸管 试管架、表面皿

药品:0.5mol/L 葡萄糖、0.5mol/L 麦芽糖、0.5mol/L 果糖、0.5mol/L 蔗糖、20g/L 淀粉溶液、0.2mol/L 氨水、班氏试剂、浓盐酸、塞利凡诺夫试剂、莫立许试剂、浓硫酸、碘试液、2.5mol/L NaOH 溶液、鸡蛋白溶液、鸡蛋白 NaCl 溶液、饱和(NH_4)$_2$$SO_4$溶液、95% 药用酒精、浓硝酸、浓氨水、20g/L Pb(CH_3COO)$_2$溶液、0.1mol/L $AgNO_3$ 溶液、2.5mol/L NaOH 溶液、10g/L $CuSO_4$溶液、茚三酮试剂、6mol/L 氢氧化钠、乙醇、饱和食盐水、汽油、氯仿、植物油、肥皂水

三、实验内容及方法

(一) 糖的化学性质

1. 糖的还原性

(1)银镜反应。在一支试管中加入 2mL 0.1mol/L $AgNO_3$ 溶液,加 1 滴 2.5mol/L NaOH,逐滴加入 0.2mol/L 氨水使沉淀恰好溶解为止,即得托伦试剂。另取五支试管,分别加入 5 滴 0.5mol/L 葡萄糖、0.5mol/L 麦芽糖、0.5mol/L 果糖、0.5mol/L 蔗糖、20g/L 淀粉,然后各加入 10 滴托伦试剂,放在 60℃的热水浴中加热数分钟,观察并解释发生的现象。

(2)与班氏试剂反应。取五支试管,各加入 1mL 班氏试剂,放在水浴中微热,再分别加入 5 滴 0.5mol/L 葡萄糖、0.5mol/L 麦芽糖、0.5mol/L 果糖、0.5mol/L 蔗糖、20g/L 淀粉,摇匀,放在沸水中加热数分钟,观察并解释发生的现象。

2. 糖的颜色反应

(1)莫立许反应。取试管五支,编号,分别加入 0.5mol/L 葡萄糖、果糖,0.35mol/L 麦芽糖、蔗糖和100g/L 淀粉各 1mL,再各加 2 滴莫利许试剂,摇匀。把盛有糖液的试管倾斜成45°角,沿管壁慢慢加入浓硫酸 1mL,使硫酸与糖液之间有明显的分层,观察两层之间的颜色变化。数分钟内若无颜色出现,可在水浴上温热再观察变化(注意不要振动试管)并加以解释。

(2)塞利凡诺夫反应。取试管五支,编号,各加塞利凡诺夫试剂 1mL,再分别加入上述 0.5mol/L 葡萄糖、果糖,0.5mol/L 麦芽糖、蔗糖和 20g/L 淀粉溶液各 5 滴,摇匀,浸在

沸水浴中 2min。观察并解释发生的变化。

（3）淀粉遇碘的反应。在试管里加入 1mL 20g/L 淀粉溶液，然后滴入 1 滴碘试液，振荡，观察现象；加热后冷却，观察变化。

3. 蔗糖和淀粉的水解

（1）蔗糖的水解。在一支干净的大试管中加入 1mL 0.5mol/L 蔗糖，再加 1 滴盐酸，混匀，放在沸水中加热 5~10min，冷却后滴入 2.5mol/L NaOH 溶液至溶液呈碱性，再加入 10 滴班氏试剂，继续加热，观察并记录现象。

（2）淀粉的水解。在一支大试管中加入 5mL 20g/L 淀粉溶液与 2 滴浓盐酸，摇匀，放在沸水浴中加热 5min，直至用碘试液在点滴板上检验时不再显色即停止加热。取出试管，滴加 2.5mol/L NaOH 溶液中和至溶液呈碱性为止。取出 2mL 于另一支试管中，加入班氏试剂 1mL，加热后观察何变化。

（二）油脂的化学性质

1. 油脂的溶解性

取三支洁净试管，分别加入水、汽油、氯仿各 2mL，再各加入植物油 5 滴，充分振荡，静置后观察溶解情况并记录。

2. 油脂的乳化

将上面加入 2mL 水和 5 滴植物油的试管再次充分振荡，观察有什么现象发生？静置片刻后观察又有什么现象？然后向试管中加入少许肥皂水，充分振荡，观察现象并解释原因。

3. 油脂的皂化反应

取一支洁净的试管，在其中加入植物油 1mL，乙醇 1mL，6mol/L 氢氧化钠溶液 1mL，振荡使之混合均匀，放入沸水浴中加热，边加热边振摇，5min 后取出并加入 5 mL 热的饱和食盐水，搅拌，观察并解释发生的现象，写出有关的化学方程式。

（三）蛋白质的化学性质

1. 蛋白质的显色反应

（1）茚三酮反应。取一支试管，加入 1mL 鸡蛋白溶液，再滴加 3 滴茚三酮试剂，放在沸水中加热 5~10min 或直接加热，观察并解释发生的现象。

（2）黄蛋白反应。取一支试管，加入 1mL 鸡蛋白溶液，再滴加 5 滴浓硝酸，有何现象？将此试管在酒精灯上加热，又有何现象？冷却后，加浓氨水 1mL，观察颜色变化。

（3）缩二脲反应。取一支试管，加入鸡蛋白溶液和 2.5mol/L NaOH 溶液各 2mL，再滴入 10g/L $CuSO_4$ 溶液 5 滴，振荡，溶液呈什么颜色？说明原因。

2. 蛋白质的盐析

取大试管一支，加入鸡蛋白 NaCl 溶液及饱和 $(NH_4)_2SO_4$ 溶液各 5mL，振荡后静置 5min。观察是否析出球蛋白，说明原因。取上述浑浊液 1mL 于另一支试管中，加蒸馏水 3mL，振荡，观察析出的球蛋白是否重新溶解，说明原因。

3. 蛋白质的变性

（1）乙醇对蛋白质的作用。取试管一支，加入 1mL 鸡蛋白溶液，沿试管壁加乙醇 20 滴，观察两液面处是否有浑浊。说明原因。

（2）重金属盐对蛋白质的作用。取试管两支，各加入 1mL 鸡蛋白溶液，向第一支试管中滴入 0.1mol/L AgNO$_3$ 溶液 5 滴,向第二支试管中滴入 20g/L Pb(CH$_3$COO)$_2$ 溶液 5 滴,观察现象并说明原因。再往上述两支试管中各加入蒸馏水 3mL,振荡,沉淀是否溶解?为什么?

(3)加热对蛋白质的作用。取试管一支,加入 2mL 鸡蛋白溶液,用酒精灯加热,有何现象?说明原因。

四、 思考与讨论

1. 如何检验实验中的淀粉已完全水解?
2. 如何区别蔗糖和麦芽糖?
3. 油脂的乳化在生产、生活中有什么意义和作用?
4. 油脂的皂化反应中加入乙醇,这是利用了它的什么性质?
5. 能否用缩二脲反应来鉴别氨基酸?
6. 怎样区别盐析蛋白质和变性蛋白质?
7. 怎样用实验方法鉴别真丝和人造丝?

参考文献

边静玮 . 2009. 有机化学 . 北京 : 高等教育出版社

国家药典委员会 . 2010. 中华人民共和国药典二部 . 北京 : 化学工业出版社

李湘苏 . 2010. 有机化学 . 北京 : 科学出版社

李湘苏 , 赵笑虹 . 2014. 医用化学基础 . 2 版 . 西安 : 第四军医大学出版社

吕以仙 . 2012. 有机化学 . 7 版 . 北京 : 人民卫生出版社

綦旭良 . 2003. 有机化学 . 北京 : 科学出版社

邱承晓 . 2013. 医用化学 . 北京 : 化学工业出版社

人民教育出版社 , 课程教材研究所 , 化学课程教材研究开发中心 . 2007. 化学选修 5——
  有机化学基础 . 2 版 . 北京 : 人民教育出版社

王玮瑛 . 2009. 药物化学基础 . 2 版 . 北京 : 人民卫生出版社

卫月琴 . 2013. 有机化学基础 . 北京 : 中国中医药出版社

姚光军 . 2013. 医用化学 . 北京 : 科学出版社

余先纯 , 李湘苏 . 2012. 医学化学 . 上海 : 第二军医大学出版社

曾崇理 . 2012. 有机化学 . 2 版 . 北京 : 人民卫生出版社

赵正保 . 2007. 有机化学 . 2 版 . 北京 : 人民卫生出版社

有机化学教学大纲

一、课 程 任 务

有机化学是中等卫生职业教育药剂、检验、化学制药、生物制药、中药制药、放射、护理、助产等医学相关专业重要的专业基础课程,一方面它是中等卫生职业学校学生的文化课程,为学生认识世界打下基础,另一方面它也为上述专业的学生学习专业课程提供基本专业知识和基本技能。本课程围绕着"以服务为宗旨,以岗位需求为导向"的卫生职业教育办学指导方针,在教学内容和要求上贴近社会、贴近岗位、贴近学生,注重培养学生的能力,强调基本知识与基本技能的结合、理论知识与专业的结合;能够运用化学的基本知识解决药剂专业和检验专业的相关问题。

二、课 程 目 标

(一)德育目标

通过有机化学的理论和基本操作学习,培养学生求是创新、理论联系实际的学习作风,实事求是的科学态度。

(二)知识模块

1. 理解有机化合物的结构特点。

2. 掌握烃类及其衍生有机化合物的官能团和化学性质,理解官能团与化学性质之间的关系;学会各类物质系统命名法。

3. 理解立体异构现象。

4. 掌握营养与生命类有机化合物的结构特点,了解它们的化学性质。

5. 了解各类物质在药剂或者检验专业和生活中的应用。

6. 掌握有机化学实验操作的基本知识。

(三)技能模块

1. 根据有机化合物的官能团开展相应化合物的化学性质实验,并能简单地运用相关知识区别、分离或鉴别相应的化合物。

2. 掌握并能够熟练运用化学实验技能开展蒸馏与沸点的测定、熔点测定、重结晶、萃取等基本实验,进行有机化合物化学性质的实验,开展部分化合物的合成实验操作。

(四)选学模块

1. 根据本校教学课时安排,适当开展营养与生命类物质的教学。要求掌握蛋白质、脂类、糖类等物质的结构特点,了解它们的化学性质和医学应用。

2. 根据未来岗位需要,选修蒸馏与沸点的测定、熔点测定、重结晶、萃取等基本实验。

三、内容要求

内容	了解	理解	掌握	内容	了解	理解	掌握
第1章　有机化合物概述				三、醚类有机化合物			
第1节　有机化合物的概念			√	（一）醚的结构、分类和命名			√
第2节　有机化合物的特性			√	（二）醚的性质		√	
第3节　有机化合物的结构			√	（三）乙醚			√
第4节　有机化合物的分类		√		第2节　醛和酮类有机化合物			
第5节　有机化学与医药卫生的关系	√			一、醛和酮的结构特征			√
第2章　烃类——基础有机化合物				二、醛和酮的分类和命名		√	
第1节　烷烃				三、醛和酮的理化性质			√
一、甲烷的结构特征			√	四、常见醛和酮类化合物		√	
二、烷烃的结构及命名			√	第3节　羧酸类有机化合物			
三、烷烃的理论性质			√	一、乙酸的结构特征			√
四、环烷烃		√		羧酸的分类和命名		√	
五、烷烃在医药中的应用	√			二、羧酸的理化性质			√
第2节　不饱和链烃				酯的结构和命名		√	
一、乙烯与乙炔的分子结构特征			√	酯的性质			√
二、不饱和链烃的同系物		√		三、重要的羧酸			√
三、不饱和链烃的同分异构		√		四、羟基酸和酮酸			
四、不饱和链烃的命名			√	（一）羟基酸		√	
五、不饱和链烃的理化性质		√		（二）酮酸		√	
第3节　芳香烃				（三）重要的羟基酸和酮酸	√		
一、苯分子的结构特征			√	第4章　有机化学的立体异构*			
二、苯的同系物与命名		√		第1节　顺反异构			√
三、苯及其同系物的理化性质		√	√	第2节　对映异构*		√	
四、稠环芳香烃			√	一、偏振光和旋光性*		√	
第3章　烃的含氧衍生物				二、旋光度和比旋光度*		√	
第1节　醇、酚、醚类有机化合物				三、手性与对映异构现象*		√	
一、醇类有机化合物				第5章　烃的含氮衍生物			
（一）醇的结构			√	第1节　胺类有机化合物			
醇的分类和命名		√		一、胺的结构特征、分类和命名			√
（二）醇的理化性质			√	二、胺的理化性质			√
（三）常见醇类化合物	√			三、季铵盐和季铵碱			√
二、酚类有机化合物				四、常见含氮有机化合物	√		
（一）酚的结构			√	第2节　酰胺类有机化合物			
酚的分类和命名		√		一、酰胺的结构特征与命名			√
（二）酚的理化性质			√	二、酰胺的理化性质			√
（三）常见酚类化合物	√			三、常见酰胺类化合物	√		
				第3节　重氮和偶氮化合物			

续表

内容	了解	理解	掌握	内容	了解	理解	掌握
一、重氮化合物概念			√	1. 葡萄糖的结构			√
二、偶氮化合物概念			√	2. 果糖的结构*		√	
三、常见重氮和偶氮类化合物	√			3. 核糖和脱氧核糖的结构*		√	
第6章 杂环化合物与生物碱		√		(二)单糖类有机化合物的理化性质*			√
第1节 杂环化合物		√		(三)单糖的营养价值与医药应用*	√		
一、杂环化合物的结构特征			√	二、双糖类*			
二、杂环化合物的分类		√		(一)蔗糖*			√
三、杂环化合物的命名			√	(二)麦芽糖*			√
四、常见杂环化合物		√		(三)乳糖*			√
第2节 生物碱				三、多糖类			
一、生物碱的概念		√		(一)淀粉			√
二、常见生物碱及医药应用	√			(二)糖原*			√
第7章 营养和生命类有机化合物				(三)非淀粉多糖*	√		
第1节 油脂类有机化合物				第4节 生命的物质基础——蛋白质			
一、油脂的组成和结构			√	一、氨基酸			
二、油脂的理化性质*		√		(一)氨基酸的结构			√
三、油脂的意义及医药应用				氨基酸的分类、命名*		√	
第2节 类脂*		√		(二)氨基酸的理化性质*		√	
一、磷脂的结构特点*		√		二、蛋白质			
二、甾醇的结构特点*		√		(一)蛋白质的组成和结构			√
第3节 糖类有机化合物				(二)蛋白质的性质*		√	
一、单糖类				第5节 遗传的物质基础——核酸*		√	
(一)单糖的结构				一、核酸的分子组成*			√
				二、核苷酸的分子组成*			√

实践与技能模块

第一部分 实践的基本知识与技能模块*	实验一 熔点的测定——尿素、桂皮酸的熔点测定
	实验二 蒸馏与沸点的测定——乙醇的蒸馏和沸点的测定
	实验三 重结晶
	实验四 萃取
第二部分 化合物性质的实践模块	实验五 基础有机物质——烃的性质
	实验六 含氧有机化合物的性质
	实验七 含氮有机化合物的性质
	实验八 葡萄糖的旋光度测定

注:"*"的内容是选修内容,教师根据专业方向和教学课时量选择教学。

学时分配

章节	内容	72 学时 教学内容安排	51 学时 教学内容安排
第 1 章	有机化合物概述	2	1
第 2 章	烃类——基础有机化合物	13	13
第 3 章	烃的含氧衍生物	18	18
第 4 章	有机化学的立体异构	5	0
第 5 章	烃的含氮衍生物	9	0
第 6 章	杂环化合物及生物碱	3	3
第 7 章	营养和生命类有机化合物	15	10
	实践与技能模块	7	6
	合计	72	51

注:51 学时教学内容安排中,应根据"内容要求"完成必须内容,并根据专业要求对选修内容再次进行遴选;各章教学内容的学时包含相应基本性质的实践模块。

目标检测选择题参考答案

第 7 章

第 1 节
1. D　2. C　3. C　4. D
第 2 节
1. C　2. B
第 3 节
1. D　2. B　3. C　4. A　5. D　6. A　7. D　8. B　9. C　10. A　11. A　12. B　13. B
14. D　15. D　16. B　17. B
第 4 节
1. C　2. B　3. C　4. B　5. A　6. D　7. A　8. C　9. C　10. B　11. D　12. A　13. A
14. D
第 5 节
1. B　2. A　3. C　4. D　5. A　6. C

彩　　图

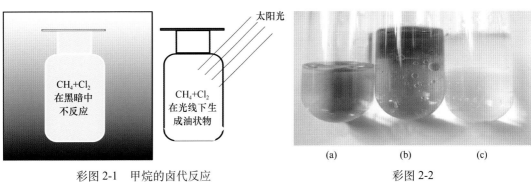

彩图 2-1　甲烷的卤代反应

彩图 2-2

(a) 溴水；(b) 溴水中加液体石蜡；(c) 溴水中加松节油

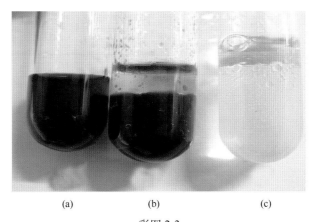

彩图 2-3

(a) 高锰酸钾；(b) 高锰酸钾中加液体石蜡；(c) 高锰酸钾中加松节油

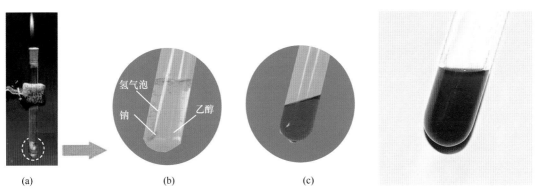

彩图 3-1　醇与活泼金属反应

(a) 反应装置；(b) 局部反应现象；(c) 加入酚酞后

彩图 3-2　甘油铜溶液

彩图 3-3　苯酚溶液（冷水）

彩图 3-4　苯酚钠溶液

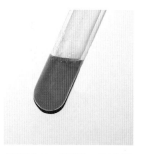
彩图 3-5　苯酚与三氯化铁反应

彩图 3-6　乙醛与 2,4-二硝基苯肼反应

彩图 3-7　碘仿

彩图 3-8　托伦试剂与银镜反应

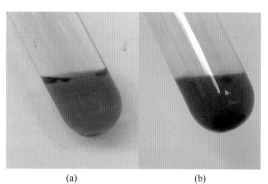
(a)　　　　　　　　(b)

彩图 3-9　费林试剂 (a) 与氧化亚铜 (b)

彩图 3-10　醛与希夫试剂反应

彩图 5-1　2,4,6-三溴苯胺

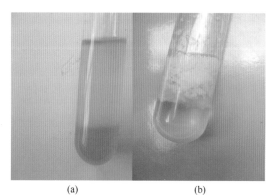
(a)　　　　　　　　(b)

彩图 7-1　皂化反应
(a) 脂肪皂化前；(b) 脂肪皂化后

(a)　　　　(b)　　　　(c)

彩图 7-2　蛋白质的显色反应
(a) 缩二脲反应；(b) 茚三酮反应；(c) 黄蛋白反应